国外计算机科学教材系列

深度学习的计算方法

理论、实践与应用

Computational Methods for Deep Learning

Theoretic, Practice and Applications

[新加坡] Wei Qi Yan 著

周浦城 秦晓燕 鲍 蕾 译

電子工業出版社

Publishing House of Electronics Industry

北京 · BEIJING

内 容 简 介

本书作为深度学习方面的入门书籍，目的是使读者通过学习，理解和掌握深度学习背后的数学原理和计算方法，并将其用于指导理论分析和实践开发。全书共 8 章。第 1、2 章主要介绍了深度学习的相关概念、发展简史、主要进展，以及典型的深度学习平台（MATLAB 和 TensorFlow）、数据增广技术和相关数学基础；第 3～5 章详细阐述了深度学习的典型网络模型，包括卷积神经网络、循环神经网络、自编码器、生成对抗网络及深度 Q-学习等模型，重点介绍了这些模型背后的数学原理；第 6 章重点介绍了胶囊网络与流形学习；第 7 章介绍了玻尔兹曼机及其变体，包括受限玻尔兹曼机、深度玻尔兹曼机及概率图模型；第 8 章介绍了迁移学习、孪生网络、集成学习及深度学习方面的重要工作。

本书适合具备一定数学基础、机器学习基础且对深度神经网络感兴趣的研究人员和工程技术人员阅读。另外，高等院校人工智能、计算机科学与技术、自动化及相关专业的高年级本科生或研究生也可以将本书作为辅助教材使用。

First published in English under the title
Computational Methods for Deep Learning: Theoretic, Practice and Applications
by Wei Qi Yan.

版权贸易合同登记号　图字：01-2021-4985

图书在版编目(CIP)数据

深度学习的计算方法：理论、实践与应用 /（新加坡）闫伟齐著；周浦城，秦晓燕，鲍蕾译. — 北京：电子工业出版社，2021.10

书名原文：Computational Methods for Deep Learning: Theoretic, Practice and Applications

ISBN 978-7-121-42138-9

Ⅰ. ①深…　Ⅱ. ①闫…　②周…　③秦…　④鲍…　Ⅲ. ①机器学习－算法－高等学校－教材
Ⅳ. ①TP181

中国版本图书馆 CIP 数据核字(2021)第 198929 号

责任编辑：张　鑫
印　　刷：三河市华成印务有限公司
装　　订：三河市华成印务有限公司
出版发行：电子工业出版社
　　　　　北京市海淀区万寿路 173 信箱　　邮编：100036
开　　本：720×1000　1/16　印张：12　　字数：178 千字
版　　次：2021 年 10 月第 1 版
印　　次：2021 年 10 月第 1 次印刷
定　　价：62.00 元

凡所购买电子工业出版社图书有缺损问题，请向购买书店调换。若书店售缺，请与本社发行部联系，联系及邮购电话：(010)88254888，88258888。

质量投诉请发邮件至 zlts@phei.com.cn，盗版侵权举报请发邮件至 dbqq@phei.com.cn。

本书咨询联系方式：zhangxinbook@126.com。

译者序

经过传感器网络、云计算、大数据、万维网、移动技术、超级计算等信息技术多年的发展，深度学习应运而生。深度学习是目前的一项热门技术，被认为是人工神经网络和人工智能的核心技术，经过短短十几年的发展，已经在计算机视觉、语音识别、自然语言处理等领域取得令人瞩目的成就。本书作者 Wei Qi Yan 的研究领域是智能监控、深度学习、计算机视觉和多媒体技术。

本书内容覆盖面广，涵盖了包括常用的深度学习平台、经典的深度学习网络及强化学习、流形学习、迁移学习和集成学习在内的知识体系。本书的一大特色是作者从数学的视角来解读深度学习，并给出了不同深度神经网络的典型算法和应用实例。在每一章的结尾，作者还介绍了如何基于 TensorFlow 和 MATLAB 等软件平台来实现深度学习算法，并列出了需要读者进一步思考和讨论的问题。

本书翻译人员均为在高校长期从事计算机视觉与图像处理、机器学习等方面教学和科研工作的教师，其中第 1、5、6、7 章主要由周浦城负责翻译，第 2、4 章主要由鲍蕾负责翻译，其余章由秦晓燕负责翻译，最后由周浦城进行了全书的统稿。

本书是在安徽省自然科学基金项目（No.1908085MF208，No.1808085QF207）资助的基础上完成的，特在此表示衷心的感谢；在翻译过程中参考并引用了相关文献资料的观点和素材，在此向这些文献的作者表示感谢；在内容审校和出版过程中，得到了电子工业出版社张鑫编辑的大力支持和指导，在此致谢。

书中涉及深度学习模型和术语范围之广，对于译者来说是一个不小的挑战。对于各种专业术语，我们都会查阅多种资料，反复推敲和讨论。尤其是在翻译前沿研究成果的简要介绍时，我们通过阅读相关原文献资料，力求译文尽可能准确地传达作者的真实意图。但囿于译者才疏学浅，加之时间仓促，书中难免存在疏漏和错误，敬请读者批评指正。

译　者

2021 年 8 月于合肥

CONTENT

前言

本书是根据我近期在新西兰奥克兰理工大学为研究生开设的讲座和研讨会的基础而著的。我整合了深度学习、机器学习及人工神经网络的相关资料，并进行内容完善后出版该书，以便让更多的研究生能够从我们团队的研究和教学工作中有所收获。

在本书中，我们站在数学的角度，由易到难编排内容框架、阐述相关知识，并且从机器智能的视角遴选相关内容。首先从神经元的设计和激活函数的特性着手理解人工神经网络，然后利用高等数学知识来阐释深度学习背后的运行机制。在各章的结尾，我们突出强调了如何基于 Python 软件和最新的 MATLAB 工具箱来实现深度学习算法，还罗列了需要读者进一步思考和讨论的问题。

在阅读本书之前，强烈建议读者学习研究生数学知识，特别是数学分析、线性代数、最优化、计算方法、微分几何、流形、信息论及基础代数、泛函分析、图模型等相关内容。计算机方面的知识储备不仅有助于读者理解这本书，而且能够帮助读者理解深度学习领域的相关期刊文章和会议论文。

本书主要是为对深度学习计算方法中的理论分析和实践开发感兴趣的研究生和工程师及计算机科学家而著的。除此之外，本书也适合对机器智能、模式分析、计算机视觉、自然语言处理及机器人感兴趣的研究人员参考。

Auckland, New Zealand

September 2020

Wei Qi Yan

作者简介

Wei Qi Yan，博士，新西兰奥克兰理工大学（Auckland University of Technology，AUT）副教授。他的研究领域是智能监控、深度学习、计算机视觉和多媒体技术。他是 AUT 机器人与视觉中心主任，中国科学院兼职教授、博士生导师，曾担任期刊《国际数字犯罪与取证》（*International Journal of Digital Crime and Forensics*，*IJDCF*）的主编，现任名誉主编，曾是新西兰皇家学会（Royal Society of New Zealand，RSNZ）和中国科学院的交换计算机科学家（exchange computer scientist），并任新西兰梅西大学（Massey University）、奥克兰大学（University of Auckland）和新加坡国立大学（National University of Singapore）的客座教授（visiting professor）。

符号约定

符 号	含 义	符 号	含 义
$\mathbb{Z}$	整数集	$\mathbb{Z}^+$	正整数集
$\mathbb{R}$	实数集	$\overline{1,n}$	$1,2,\cdots,n$
$\cup$	集合的并	$\cap$	集合的交
$\in$	属于	$\subset$	真包含
$\subseteq$	包含	$\exists$	存在
$\forall$	所有	$\perp$	正交
$\triangleq$	定义符号	$\mapsto$	映射
$\pm$	加或减	Σ	求和运算
Π	连乘运算	∞	无穷大
$\Vert\cdot\Vert$	范数	$\det(\cdot)$	行列式
$\boldsymbol{N}(\cdot)$	高斯分布	$\sigma(\cdot)$	激活函数
$<\cdot>$	内积或点乘	$L(\cdot)$	损失函数
$J(\cdot)$	代价函数	$\log(\cdot)$	以 10 为底的对数
$\ln(\cdot)$	自然对数	$\exp(\cdot)$	指数函数
$\tanh(\cdot)$	双曲正切函数	$\max(\cdot)$	最大函数
$\frac{\mathrm{d}f}{\mathrm{d}x}$	关于 x 求导数	$\frac{\partial f}{\partial x}$	关于 x 求偏导数
$\int$	积分	C^1	一阶连续
C^2	二阶连续	C^∞	无穷阶连续
$\boldsymbol{E}(\cdot)$	数学期望	$P(y\mid x)$	条件概率
μ	均值	σ	方差
$\arg\max(\cdot)$	最大值参数	$\mathrm{sign}(\cdot)$	符号函数
$\boldsymbol{W}$	权重矩阵	$\boldsymbol{W}^\mathrm{T}$	矩阵 $\boldsymbol{W}$ 的转置
$\boldsymbol{b}$	偏置向量	$\boldsymbol{b}^\mathrm{T}$	向量 $\boldsymbol{b}$ 的转置
$(w_{ij})_{m\times n}$	$m\times n$ 矩阵 $\boldsymbol{W}_{m\times n}$ 的元素 w_{ij}	$(b_i)_{n\times 1}$	向量 $\boldsymbol{b}_{n\times 1}$ 的元素 b_i
$\boldsymbol{P}$	坐标点	S	集合

缩略语

ACM	Association for Computing Machinery，国际计算机协会
ACO	Ant Colony Optimization，蚁群优化算法
AdaBoost	Adaptive Boosting，自适应增强
AD	Alzheimer's Disease，阿尔茨海默病
AE	Auto-Encoder，自编码器
AI	Artificial Intelligence，人工智能
ANN	Artificial Neural Network，人工神经网络
ARIMA	Autoregressive Integrated Moving Average Models，差分自回归移动平均模型
ASCII	American Standard Code for Information Interchange，美国信息交换标准代码
AUC	Area Under the Curve，曲线下面积
Bagging	Bootstrap Aggregating，装袋算法
BN	Batch Normalization，批归一化
CAE	Contractive Auto-Encoder，收缩自编码器
CapsNet	Capsule Networks，胶囊网络
CNN	Convolutional Neural Network，卷积神经网络
ConvLSTM	Convolutional Long Short-Term Memory，卷积长短期记忆
ConvNet	Convolutional Neural Network，卷积神经网络
CRF	Conditional Random Field，条件随机场
DAG	Directed Acyclic Graph，有向无环图

DBM	Deep Boltzmann Machine，深度玻尔兹曼机
DBN	Deep Belief Network，深度信念网络
DFT	Discrete Fourier Transform，离散傅里叶变换
DNN	Deep Neural Network，深度神经网络
DMRF	Deep Markov Random Field，深度马尔可夫随机场
EM	Expectation-Maximum，期望最大化算法
FAIR	Facebook AI Research，Facebook 人工智能研究
FCN	Fully Convolutional Network，全卷积网络
FCNN	Fully Connected Neural Network，全连接神经网络
FN	False Negative，假反例
FP	False Positive，假正例
FSM	Finite State Machine，有限状态机
GA	Genetic Algorithm，遗传算法
GAN	Generative Adversarial Network，生成对抗网络
GPU	Graphics Processing Unit，图形处理单元
GRU	Gated Recurrent Unit，门控循环单元
GUI	Graphical User Interface，图形用户接口
HMM	Hidden Markov Model，隐马尔可夫模型
HOG	Histograms of Oriented Gradients，方向梯度直方图
HVS	Human Visual System，人类视觉系统
IoU	Intersection over Union，交并比
LBP	Local Binary Patterns，局部二值模式
LSTM	Long Short-Term Memory，长短期记忆
mAP	mean Average Precision，平均精度均值
MC	Monte Carlo Methods，蒙特卡洛方法
MCNN	Multichannel Convolutional Neural Networks，多通道卷积神经网络
MDP	Markov Decision Process，马尔可夫决策过程

MGU	Minimal Gated Unit，最小门控单元
MLE	Maximum Likelihood Estimation，极大似然估计
MLP	Multilayer Perceptron，多层感知器
MILA	Montreal Institute for Learning Algorithms，蒙特利尔学习算法研究所
MNIST	Modified NIST Database，MNIST 数据集
MOTA	Multiple Object Tracking Accuracy，多目标跟踪精度
MRF	Markov Random Field，马尔可夫随机场
MRI	Magnetic Resonance Imaging，磁共振成像
MRP	Markov Random Process，马尔可夫随机过程
NIST	National Institute of Standards and Technology，美国国家标准技术研究所
NLAR	Nonlinear Autoregressive，非线性自回归
NLP	Natural Language Processing，自然语言处理
PCA	Principal Component Analysis，主成分分析
PMF	Probability Mass Function，概率质量函数
POE	Product of Expert，专家乘积
PSO	Particle Swarm Optimization，粒子群优化算法
RBM	Restricted Boltzmann Machine，受限玻尔兹曼机
R-CNN	Region-based CNN，基于区域的卷积神经网络
ReLU	Rectified Linear Unit，修正线性单元
ResNet	Residual Network，残差网络
RMSE	Root Mean Square Error，均方根误差
RNN	Recurrent Neural Network，循环神经网络
ROI	Region Of Interest，感兴趣区域
ROC	Receiver Operating Characteristic，受试者工作特征曲线
RPN	Region Proposal Network，区域生成网络
SA	Simulated Annealing，模拟退火

SARSA	State-Action-Reward-State-Action，状态-动作-奖励-状态-动作
SGD	Stochastic Gradient Descent，随机梯度下降
ST-GCN	Spatial-Temporal Graph Convolutional Networks，时-空图卷积网络
SVM	Support Vector Machine，支持向量机
TD	Temporal-Difference，时序差分
TN	True Negative，真反例
TP	True Positive，真正例
TSA	Time Series Analysis，时间序列分析
TSF	Time Series Forecasting，时间序列预测
VAE	Variational Auto-Encoder，变分自编码器
WCSS	Within-Cluster Sum of Squares，簇内平方和
WWW	World Wide Web，万维网

CONTENT

目　录

第1章 概　　述

1.1 引　　言

深度学习是经过传感器网络、云计算、大数据、万维网（World Wide Web，WWW）、移动技术、超级计算等信息技术多年的发展而产生的。传感器网络为我们充分接触和了解这个网络世界提供了海量的数据，云计算为这些数据提供了存储空间。利用万维网和互联网技术可以产生海量的数据并进行大数据可视化与分析，而手机则可以让我们通过手指查看或操作数据处理。经过长期的知识积累和演变，深度学习应运而生，成为当今这个数字时代的标志性技术。可以说，深度学习是历史必然的产物。

深度学习是当前的一项热门技术，被认为是人工神经网络（Artificial Neural Network，ANN）和人工智能（Artificial Intelligence，AI）的核心技术。深度学习又称为深度神经网络（Deep Neural Network，DNN），人工神经网络是人工智能领域的核心研究内容，而人工智能的最新发展主要体现在深度学习上。

国际计算机协会（Association for Computing Machinery，ACM）于2018年将图灵奖授予了三位计算机科学家：Yoshua Bengio、Geoffrey Hinton和Yann LeCun。他们在概念和工程上的突破使深度神经网络成为2019年计算的关键组成部分。图灵奖被认为是计算机界的诺贝尔奖，是一个由ACM颁发的年度奖项，以表彰那些在计算机领域做出持久和重大技术贡献的人士。

上述三位计算机科学家在 *Nature*[1]和 *Science*[2]期刊上发表的论文彰显了他们在该领域的独特贡献，这些论文也被视为深度学习领域的经典。麻省理工学院出版社出版的《深度学习》一书[3]描绘了这一研究领域，并启发了许多年轻学生和研究爱好者。正如书中所述，通常将输入数据注入深度神经网络，并计算这些模拟神经元刺激的激活函数（activation function）的输出，常见的激活函数包括修正线性单元（Rectified Linear Unit，ReLU）函数、sigmoid 函数、logistic 函数等。一方面，激活函数又称传递函数，其主要用途是实现变换的目的，即从神经元的输入变换到输出。另一方面，激活函数还要检查输出是否满足阈值，并输出 0 或 1。神经网络的输入数据和输出数据之间的差异应该最小化。

2011 年，研究发现，在解决梯度消失问题（gradient vanishing problem）方面，ReLU 激活函数 $y=x^{+}=\max(x, 0)$，$x\in(-\infty, +\infty)$要比 Tanh 激活函数 $y=\tanh(x)$，$x\in(-\infty, +\infty)$好得多，从而为构建更深的神经网络铺平了道路[4]。

通常，我们采用包括正推和反推在内的反向传播算法来调整卷积神经网络（Convolutional Neural Network，CNN，或简称 ConvNet）的权重。机器学习中的深度神经网络算法可以区分为监督学习（supervised learning）和无监督学习（unsupervised learning）两种。其中，监督学习与标签数据或真实数据（ground truth）有关。美国国家标准技术研究所（National Institute of Standards and Technology，NIST）等公共网站也提供了经过验证的数据集 MNIST，用于训练和测试深度学习模型。而无监督学习则受相似性函数的影响，例如，聚类是一种典型的无监督学习。在深度学习中，无监督学习方法包括主成分分析（Principal Component Analysis，PCA）、自编码器（Auto-Encoder，AE）、流形学习（manifold learning）等。无监督学习方法已被应用于降维。数据降维（dimensionality reduction）是指将数据从高维空间转换到低维空间，以便低维表征仍然保留原始数据中有意义的属性，在理想情况下接近其内在的维度。

著名的 TensorFlow 游乐场软件 Tinker 已经被用来帮助理解人工神经网络，如图 1.1 所示。该图可视化显示了深度神经网络的工作原理，相关参数和结果被显式地链接到一个网页上，还提供了4种类型的示例数据集用作演示目的。输入参数的任何调整都将反映出分类或回归可视化结果的变化。该网络的结构可以手动调整，网络设计人员不仅可以自由添加或删除网络中的节点，还可以选择 L_1 或 L_2 正则化。其他选项包括4种激活函数、学习速率和训练周期（epoch）数。

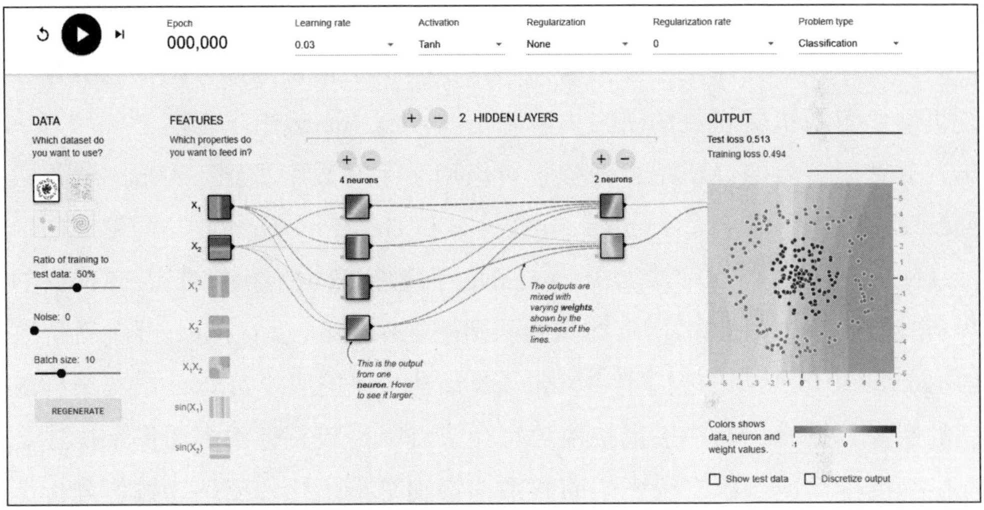

图 1.1 用于理解神经网络的游乐场软件 Tinker

在反向传播过程中，需要基于随机梯度进行优化，通常采用随机梯度下降法（Stochastic Gradient Descent，SGD）。随机梯度下降法是一种迭代方法，用于优化具有良好光滑性能（如可微或次可微）的目标函数。反向传播计算需要用到函数微分的链式法则，通常还要考虑小批量情况下的各种参数优化问题。

在深度学习中，目前最热门的研究课题分布在流形学习、强化学习（reinforcement learning）、生成对抗网络（Generative Adversarial Network，GAN）等领域，典型的方法已经应用于自动化或自动控制、机器人、机器视觉、自然语言处理（Natural Language Processing，NLP）、智能监控、推荐系统等。

深度学习的更新非常快。网站 Github.com 为不同项目提供了相关的源代码和数据集。从技术角度来看，有两种非常流行的软件平台：MATLAB 和基于 Python 的 TensorFlow，它们可以很容易地用来开发深度学习的项目。

1.2 深度学习简介

深度学习又称深度神经网络，起源于模拟生物视觉和大脑信息处理，是机器学习或机器智能的研究内容之一。AlexNet 迈出了深度学习的第一步，并基于著名的 MNIST 数据集可应用于手写数字识别。AlexNet 是由 Alex Krizhevsky 设计、与 Ilya Sutskever 和 Geoffrey Hinton 共同发表的。AlexNet 于 2012 年 9 月参加了 ImageNet 大型视觉识别挑战赛[5]，该网络的 Top-5 错误率为 15.3%，由此拔得头筹。2015 年，AlexNet 再次赢得了 ImageNet 2015 大赛的冠军[6, 7]。ImageNet 是一个按照 WordNet 层次结构组织的图像数据库，其中层次结构的每个节点都由成百上千幅图像来描述。

深度学习与数学有着密切的联系，特别是最优化、图论、数值分析、泛函分析、概率论、数理统计、信息论等。这些学科可以用来分析神经网络模型。通常，当我们衡量一个神经网络或评估一个算法时，会在数值分析中考虑它的鲁棒性、稳定性和收敛性。

在深度学习中，我们使用梯度下降法来更新深度学习模型的参数。梯度下降法是一种求解函数局部极小值的一阶迭代优化算法。若把其视为一个二次型极小化问题（quadratic minimization problem），梯度下降法可用来求解线性方程组。例如，下列方程的解

$$\boldsymbol{A}\boldsymbol{x}-\boldsymbol{b}=0 \tag{1.1}$$

可以看成最小化函数

$$F(\boldsymbol{x})=\|\boldsymbol{A}\boldsymbol{x}-\boldsymbol{b}\|_2^2 \tag{1.2}$$

在线性最小二乘中，对实矩阵 $\boldsymbol{A}$ 和 $\boldsymbol{b}$ 采用欧几里得范数（即 L_2 范数），因此有

$$\nabla F(\boldsymbol{x}) = 2\boldsymbol{A}^{\mathrm{T}}(\boldsymbol{Ax} - \boldsymbol{b}) \tag{1.3}$$

根据这一观察，我们首先猜测 $\boldsymbol{x}_0$ 为 F 的局部极小值，然后考虑序列 $\boldsymbol{x}_0, \boldsymbol{x}_1, \boldsymbol{x}_2, \cdots$ 使得

$$\boldsymbol{x}_{n+1} = \boldsymbol{x}_n - \gamma \nabla F(\boldsymbol{x}_n), \quad n \geqslant 0 \tag{1.4}$$

其中，步长 γ 是一个足够小的正数，并且允许在每次迭代时进行调整。

如果已经有一个需要最小化的代价或误差函数 $F(\boldsymbol{w})$，那么梯度下降法会告诉我们应沿着 $F(\boldsymbol{w})$最陡下降的方向来修改权重，因此权重衰减方程为

$$\boldsymbol{w}_{n+1} = \boldsymbol{w}_n - \varepsilon \nabla F(\boldsymbol{w}_n), \quad n \geqslant 0 \tag{1.5}$$

其中，ε 是学习率，$\boldsymbol{w}_n$ 表示深度神经网络的权重。在数值分析中[8]，式（1.5）的迭代终止条件是预设的迭代次数或者运行时间，以及给定的结果估计和相邻两次迭代之间的误差。

在深度学习中，我们仍然面临解的存在性、稳定性、鲁棒性、权重衰减的收敛性等一系列在计算方法中经常会遇到的优化问题。除此之外，深度学习中还会面临梯度消失和梯度爆炸问题（gradient exploding problem）。

目前，随机梯度下降法中的梯度消失和梯度爆炸问题可以通过采用多层网络层次结构、受限玻尔兹曼机（Restricted Boltzmann Machine，RBM）、生成式模型（generative model）、长短期记忆（Long Short-Term Memory，LSTM）网络、残差网络等来解决。与此同时，梯度爆炸问题可以通过重新设计网络模型及采用 ReLU 激活函数、长短期记忆网络、梯度截断（gradient clipping）、权重正则化（weight regularization）等来解决。

正则化可用来避免梯度爆炸和梯度消失问题[3,9]。正则化定义为对学习算法的修改，旨在减少泛化误差而不是训练误差。采用正则化策略将有助于减少过拟合，并且将权重降到一个比较低的值。

正则化的目标函数为

$$\hat{J}(\boldsymbol{\theta}; \boldsymbol{X}, \boldsymbol{y}) = J(\boldsymbol{\theta}; \boldsymbol{X}, \boldsymbol{y}) + \alpha \Omega(\boldsymbol{\theta}) \tag{1.6}$$

其中，$\alpha \in [0, \infty)$是超参数或正则化率；$\boldsymbol{\theta}$ 代表所有的参数。最优的参数 $\boldsymbol{\theta}^*$

通过下式得到

$$\boldsymbol{\theta}^* = \arg\min_{\theta} \nabla_{\theta} \hat{J}(\boldsymbol{\theta}; \boldsymbol{X}, \boldsymbol{y}) \tag{1.7}$$

典型的正则化策略主要包括吉洪诺夫正则化（Tikhonov regularization）、稀疏正则化（sparse regularization）、拉格朗日正则化（Lagrangian regularization）等。

吉洪诺夫正则化也称岭回归或 L_2 正则化，是指

$$\Omega(\boldsymbol{\theta}) = \frac{1}{2}\|\boldsymbol{w}\|_2^2 \tag{1.8}$$

因此

$$\hat{J}(\boldsymbol{w}; \boldsymbol{X}, \boldsymbol{y}) = J(\boldsymbol{w}; \boldsymbol{X}, \boldsymbol{y}) + \frac{\alpha}{2}\boldsymbol{w}^{\mathrm{T}}\boldsymbol{w} \tag{1.9}$$

与之对应的梯度为

$$\nabla_{\boldsymbol{w}} \hat{J}(\boldsymbol{w}; \boldsymbol{X}, \boldsymbol{y}) = \nabla_{\boldsymbol{w}} J(\boldsymbol{w}; \boldsymbol{X}, \boldsymbol{y}) + \alpha \boldsymbol{w} \tag{1.10}$$

使用单步梯度下降更新权重，即执行以下更新：

$$\boldsymbol{w} \leftarrow \boldsymbol{w} - \varepsilon \cdot \nabla_{\boldsymbol{w}} \hat{J}(\boldsymbol{w}; \boldsymbol{X}, \boldsymbol{y}), \quad \varepsilon \in (0, 1) \tag{1.11}$$

稀疏正则化即 L_1 正则化，是指

$$\Omega(\boldsymbol{\theta}) = \|\boldsymbol{w}\|_1 = \sum_i |w_i| \tag{1.12}$$

因此，正则化的目标函数是

$$\hat{J}(\boldsymbol{w}; \boldsymbol{X}, \boldsymbol{y}) = J(\boldsymbol{w}; \boldsymbol{X}, \boldsymbol{y}) + \alpha\|\boldsymbol{w}\|_1 \tag{1.13}$$

对应的梯度和权重更新分别为

$$\nabla_{\boldsymbol{w}} \hat{J}(\boldsymbol{w}; \boldsymbol{X}, \boldsymbol{y}) = \nabla_{\boldsymbol{w}} J(\boldsymbol{w}; \boldsymbol{X}, \boldsymbol{y}) + \alpha \operatorname{sign}(\boldsymbol{w}) \tag{1.14}$$

$$\boldsymbol{w} \leftarrow \boldsymbol{w} - \varepsilon \cdot \nabla_{\boldsymbol{w}} \hat{J}(\boldsymbol{w}; \boldsymbol{X}, \boldsymbol{y}), \quad \varepsilon \in (0, 1) \tag{1.15}$$

拉格朗日正则化是指带常数 k 的广义拉格朗日函数（或乘子），满足

$$L(\boldsymbol{\theta}, \alpha; \boldsymbol{X}, \boldsymbol{y}) = J(\boldsymbol{\theta}; \boldsymbol{X}, \boldsymbol{y}) + \alpha(\Omega(\boldsymbol{\theta}) - k) \tag{1.16}$$

该约束优化问题的解由下式给出

$$\boldsymbol{\theta}^* = \arg\min_{\boldsymbol{\theta}} \max_{\alpha,\alpha\geqslant 0} L(\boldsymbol{\theta},\alpha) \tag{1.17}$$

如果固定 α^*，那么有

$$\boldsymbol{\theta}^* = \arg\min_{\boldsymbol{\theta}} L(\boldsymbol{\theta},\alpha^*) = \arg\min_{\boldsymbol{\theta}} J(\boldsymbol{\theta};\boldsymbol{X},\boldsymbol{y}) + \alpha^* \Omega(\boldsymbol{\theta}) \tag{1.18}$$

在权重衰减过程中寻找最大值，并不能保证所有存在的值都可以直接找到。但是采用正则化策略后，利用随机梯度下降法可以更好地得到峰值点并避免陷入困境。

正则化具有许多优点，它通过增加偏差来减少方差，从而减少过拟合，并且使权重降低到一个较小的值。正则化和随机失活（dropout）一样有效。

1.3 深度学习发展简史

深度学习在解决实际问题上显示出了它的有效性和优越性。当采用与大数据相关的技术时，深度学习在视觉目标检测与识别、图像分割、语音识别、自然语言处理和机器人控制等方面已经超过了人类。

1995 年，卷积神经网络作为一种典型的神经网络，用于信封上的邮政编码识别[10-12]或银行支票上的手写数字识别。卷积神经网络可以辅助我们找到感兴趣区域（Region Of Interest，ROI）和显著性区域，这是基于对人类神经系统机制进行模拟来实现的。端到端的结构和精调（fine-tuning）的优点启发我们识别那些具有像素级细节的微小物体[13]。典型情况下，LeNet-5，即 Yann LeCun 等人[14]于 1998 年开创的一种用于数字分类的 7 层卷积网络，被多家银行用于识别银行支票上数字化的 32 像素 × 32 像素的图像中的手写数字。

1997 年提出的 AdaBoost 算法，用于将弱分类器提升为强分类器[15, 16]。这使得集成学习（ensemble learning）可以应用于机器学习[17]或深度学习[3]。

随机森林（random forest）是一种用于分类与回归任务的集成学习方法，它在训练时构造多棵决策树（decision tree），输出的类别是单株树的分类回归模式。决策树通常用于决策[17]，多棵树集成在一起就构成了一个随机森林[18]。图 1.2 给出了随机森林的一个例子。

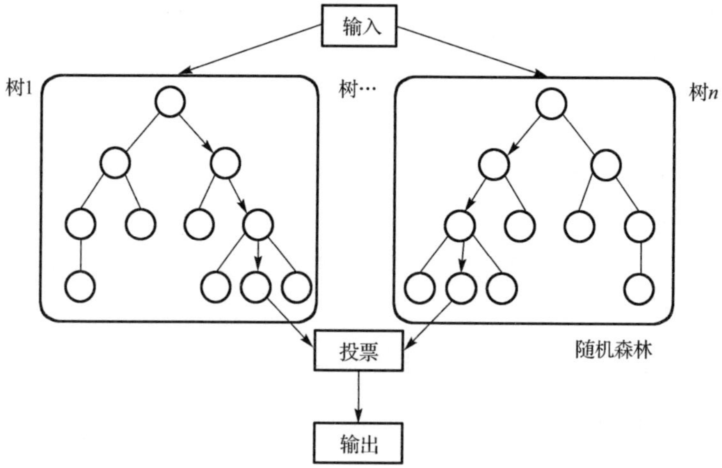

图 1.2　随机森林示例

自 1995 年以来，支持向量机（Support Vector Machine，SVM）[20]已经成为一种流行的基于特定特征、超平面和超参数的用于模式分类的机器学习算法[17]。与机器学习中的支持向量机不同，深度学习算法使用多种类别，其中具有最高概率的类别视为神经网络的输出[21]。深度学习[3]是一种基于端到端架构的神经网络，它不仅在编程和数据收集方面，而且在数学理论和网络结构方面，都是一门精心设计的学科。

深度信念网络（Deep Belief Network，DBN）是一种有向网络[22, 23]，其中边和节点具有不同的权重。深度马尔可夫随机场（Deep Markov Random Field，DMRF）[24]是一种无向网络，其中所有的边都是双向的。深度玻尔兹曼机（Deep Boltzmann Machine，DBM）是一种具有多层隐含随机变量的二值成对马尔可夫随机场（Markov Random Field，MRF），也是一种对称耦合的随机二值单元网络[25, 26]。深度玻尔兹曼机已经成功应用于模式分类、回归和时间序列建模。

AlexNet 是一种早期相对简单的神经网络[6]。AlexNet 包含 8 层，其中前 5 层是卷积层，每个卷积层都接最大池化操作，最后 3 层是全连接层。

作为机器学习和机器智能的里程碑，AlexNet 在 2012 年 ImageNet 大型视觉识别挑战赛上赢得了胜利。在其改进版本中，深度学习在与计算机视觉相关的测试中超过了人类视觉系统。AlexNet 是利用 MATLAB 早期的深度学习工具箱来实现的，现已进一步用于迁移学习。

AlexNet 是一种卷积神经网络，是基于 ImageNet 数据库中超过一百万幅图像进行训练的。该网络可以将图像分成 1000 种物体类别，包括键盘、鼠标、铅笔和动物。该网络的输入图像尺寸为 227 像素 × 227 像素。

R-CNN 是一种基于区域的卷积神经网络，它是在传统的卷积神经网络基础上，将候选区域（region proposal）加入神经网络架构中。为了缩短处理时间，R-CNN 还使用了推荐的感兴趣区域。

Fast R-CNN[27-29]和 Faster R-CNN[30, 31]也是基于区域的卷积神经网络，二者均起源于卷积神经网络，现已应用于基于区域分割和感兴趣区域的快速目标发现[30]。如果能尽早给出候选区域，那么将会加快视觉目标定位和分类的处理速度。

R-CNN 最大的问题是它的训练时间很长，因为需要首先得到 1000～2000 个候选区域并进行存储；这些候选区域需要在前面所有的网络层中进行计算。此外，全连接层期望所有的向量都具有相同的大小，因此所有候选区域都需要通过裁剪或形变（wrapping）操作来调整大小。但这两种预处理策略都不适合，因为裁剪可能会导致候选区域没有被完全提取出来，而形变则可能会改变对象的尺度。

Fast R-CNN 是 2015 年提出来的，它克服了 R-CNN 存在的一些问题。Fast R-CNN 替换了 R-CNN 网络架构中的 ROI 池化层，并将 softmax 应用于分类。softmax 是 logistic 回归函数对多分类问题的一种推广。

在 Fast R-CNN 的基础上，研究人员又提出了速度更快的 Faster R-CNN。从 R-CNN 到 Faster R-CNN，目标检测的 4 个步骤最终被整合到一个网络中。Faster R-CNN 并不使用选择性搜索（selective search）来得到候选区域，相反，它直接采用区域生成网络（Region Proposal Network，RPN）来执行同样的任务，其中没有重复，且所有的计算都是基于 GPU 进行的[30, 31]。

近年来，YOLO（You Look Only Once）所采用的基础网络 Darknet[32]已经成为一个非常流行的深度网络。Darknet 是一个开源网络框架，具有快速、易于安装、支持 CPU 和 GPU 计算等优点。YOLOv3 是 YOLO 家族的第三个版本。在 YOLOv3 之前，YOLO 和 YOLOv2 已被用于深度学习中的视觉目标检测，特别是行人检测[33]。2020 年提出的 YOLOv4 在目标检测的速度和精度方面又得到了进一步提升。

YOLO 是快速目标检测器之一，它创建网格单元，每个网格单元将预测边框（bounding box）及其对应的置信度。为了评估 YOLO，定义了 7×7 的边框和 20 个标签类，并且只抽取 98 个候选区域。YOLO 比 R-CNN 更快，因为后者大约需要 2000 个候选区域。

YOLO 采用整幅图像代替候选区域的方案进行训练和测试，具有更低的背景错误率。与 PASCAL VOC 2007 上的另一个实时系统（即 R-CNN 系列）相比，YOLO 具有压倒性的优势。对于每幅图像，Fast R-CNN 大约需要 2 秒来生成候选边框。当采用最精确的模型时，Faster R-CNN 的处理速度可以达到 7 帧/秒（frames per second，fps），而更小的模型可达到 18 帧/秒，但是其平均精度均值（mean Average Precision，mAP）只有 62.1。相比之下，YOLO 处理速度达到 45 帧/秒，是 R-CNN 的两倍多，并且 mAP 可以达到 63.4。YOLO 算法的局限性在于每个网格单元都可以预测边框，但是只能对其中的一种类别进行检测，这就使小目标很难被检测到。目前，YOLOv3 被认为能够克服这些缺点，成为一种非常优秀的目标检测方法。

SSD（Single Shot multibox Detector）[34, 35]以能够在分辨率与处理速度方面取得很好的平衡而闻名，如图 1.3 所示。与此同时，YOLO[32]和 YOLOv2 在实现基于 7×7 块操作的快速目标检测方面表现出色。

深度残差网络（deep Residual Network，ResNet）[36, 37]是为了避免梯度消失和梯度爆炸问题而设计的，通过复用前一层的激活直至相邻层来学习其权重。深度残差网络采用跳连接或短路方式跨越某些层。

在深度学习中存在退化问题，即随着网络深度的增加，网络模型的精度趋于饱和。然而，深度残差网络却可以很容易地通过大幅增加网络深度来获得精度上的提升。

$$y = F(x, \{W_i\}) + x \tag{1.19}$$

其中，$\boldsymbol{x}$ 和 $\boldsymbol{y}$ 是网络层的输入和输出向量；$F(\cdot)$是残差映射，例如，对于两层的残差模块，$F=\boldsymbol{W}_2\sigma(\boldsymbol{W}_1x)$，$\sigma(\cdot)$是 ReLU 激活函数。

图 1.3 SSD 用于视觉目标识别

生成对抗网络[38, 39]可用于辨别真假目标之间的差异。生成对抗网络是一种深度学习网络，可以生成与输入训练数据具有相似特征的数据。生成对抗网络由两个同时训练的子网络组成：生成器和判别器。为了训练生成对抗网络，需要训练生成器产生能够欺骗判别器的虚假数据，并通过训练判别器来区分真实数据与生成的虚假数据。生成器的目标是产生能够让判别器错判为真实数据的虚假数据，而判别器的目标则是不被生成器所欺骗。这些策略最终得到一个能够产生让人误认为是真实数据的生成器和一个具有很强特征表达能力的判别器。

强化学习[40, 41]适合于摆控制（pendulum control）。强化学习通过构建特定的环境及其相关状态与奖励信号，以供智能体（agent）去控制该系统。一旦智能体采取了某个动作，我们需要计算奖励并评估反馈，以便确定该动作是否有正的或负的奖励[17]。

在马尔可夫决策过程（Markov Decision Process，MDP）中，贝尔曼方程（Bellman equation）是期望奖励的递归形式：

$$V^{\pi}(s)=R(s,\pi(s))+\gamma\sum_{s'}P(s'\,|\,s,\pi(s))V^{\pi}(s') \tag{1.20}$$

其中，s 是状态，策略记为 π，$V(\cdot)$为值函数（value function），$R(\cdot)$是奖励函数。

贝尔曼最优性方程为

$$V^{\pi^*}(s)=\max_{a}\left\{R(s,a)+\gamma\sum_{s'}P(s'\,|\,s,a)V^{\pi^*}(s')\right\} \tag{1.21}$$

其中，π^*是最优策略，V^{π^*}是最优策略对应的值函数。

为求解贝尔曼方程给出的问题，提出了Q-学习算法。Q-学习算法[42]的目标是学得某种策略，它告诉智能体在什么情形下应采取何种动作。

自编码器以无监督的方式来学习一组数据的有效编码（或表征）[43]。给定一个数据集，自编码器的目标就是通过训练网络来忽略信号噪声的干扰，以便学得该数据集的本质表征（编码），通常用于降维[44]。

给定一个隐含层，自编码器在编码阶段接收输入信号 $\boldsymbol{x}\in\mathbb{R}^d$，并将它映射到 $\boldsymbol{h}\in\mathbb{R}^p$，即

$$\boldsymbol{h}=\sigma(\boldsymbol{W}\boldsymbol{x}+\boldsymbol{b}) \tag{1.22}$$

其中，$\boldsymbol{h}$ 通常指潜变量（latent variables），$\sigma(\cdot)$是激活函数，$\boldsymbol{W}$ 是权重矩阵，$\boldsymbol{b}$ 是偏置向量。

自编码器的学习目标是最小化重构误差（reconstruction error），即损失函数为

$$L(\boldsymbol{x},\boldsymbol{x}')=\|\boldsymbol{x}-\boldsymbol{x}'\|^2=\|\boldsymbol{x}-\sigma'(\boldsymbol{W}'(\sigma(\boldsymbol{W}\boldsymbol{x}+\boldsymbol{b}))+\boldsymbol{b}')\|^2 \tag{1.23}$$

其中，x 通常是在输入训练集上取平均。在数学上，这个损失函数是一种平方损失函数。此外，损失函数族还包括 0-1 损失函数、绝对损失函数、平均损失函数等。

在自编码器中，如果迭代地将输出作为其输入进行辅助，就可以得到著名的不动点定理（fixed-point theorem）。如果能找到或收敛于不动点，就意味着可以使用自编码器去除噪声和进行降维。自编码器已经成功应用于图像修复和图像去噪[45]。

迁移学习（transfer learning）[46]是将经过良好训练的已有神经网络的权重应用于新模型。通过修改权重或参数，并做一些小的修正，可以有效节省训练时间，但对模式分类的平均精度影响并不大[47]。迁移学习将存储的知识应用于不同但相关的问题。从实践角度来看，在深度学习中，重复使用或迁移先前学习任务中的信息来学习新任务可能会显著提高样本的效率。

在新版 MATLAB 中，有一个专门用于实现迁移学习的工具箱[5]。在迁移学习中，深度学习方法利用一个为某项任务训练过的模型作为起点，为类似的任务训练一个新的模型。通过迁移学习对网络进行精调，通常比从头开始训练网络不仅快得多，而且容易得多。迁移学习通常用于视觉目标检测、图像识别、语音识别等应用。

马尔可夫随机场[48]是一种与相邻状态有关的无向网络。通常假设马尔可夫随机过程（Markov Random Process，MRP）[49]在时间序列分析（Time Series Analysis，TSA）中只对下一时刻产生影响。在图模型[49]中，马尔可夫随机场和动态贝叶斯网络（Dynamic Bayesian Networks，DBN）是两种典型的网络。动态贝叶斯网络，如影响图（influence diagrams）[50]，可以看成有向网络，其中每个节点的概率完全依赖于其邻居节点，因此需要用到条件概率和联合概率。

SqueezeNets[51]和压缩网络（CompressedNets）用于移动电话或小型设备。如果我们修剪或压缩一个网络，就可以将它应用到内存较小或无 GPU 支持的小型设备上，尽管现在一些平板电脑和移动电话已经采用了这类硬件来提供便利。

集成学习[52, 53]将所有学习器整合在一起。通过集成学习，可以将弱分类器提升为强分类器。典型的是 AdaBoost 和装袋算法（Bootstrap-Aggregating，Bagging）。我们在 OpenCV 中使用了该算法进行视觉目标检测。

熵是状态的不可预测性的一种度量方式，或者等价地，是其平均信息的度量。与每个可能数值有关的信息熵是该数值的概率质量函数（probability mass function）的负对数，即

$$S = -\sum_i P_i \log P_i = -\boldsymbol{E}_P(\log P) \tag{1.24}$$

其中，$\boldsymbol{E}_P(X) = \sum_i P_i X_i$ 是由概率 P 定义的数学期望。函数 $\boldsymbol{E}_P(X)$具有下列性质：

- $\boldsymbol{E}_P(c)=c$，c 是常数；
- $\boldsymbol{E}_P(cX)=c\boldsymbol{E}_P(X)$，$c$ 是常数；
- $\boldsymbol{E}_P(\boldsymbol{E}_P(X))=\boldsymbol{E}_P(X)$；
- $\boldsymbol{E}_P(X\pm Y)=\boldsymbol{E}_P(X)\pm\boldsymbol{E}_P(Y)$；
- $\boldsymbol{E}_P(aX\pm b)=a\boldsymbol{E}_P(X)\pm b$，$a, b\in R$；
- 若 X 和 Y 相互独立，则 $\boldsymbol{E}_P(XY)=\boldsymbol{E}_P(X)\boldsymbol{E}_P(Y)$。

熵[54, 55]是信息论中的一个基本概念[56]。联合熵、条件熵、相对熵（KL 散度）等各种熵构成了信息论的主体。信息论[56]曾经用于信息检索[57, 58]，现在则用于深度学习[3]。

深度学习涉及的数学知识主要是微积分[59]和代数[60]。微积分与数值分析有关；在深度学习中，大量用到了线性代数和张量代数。为了更好地理解 Google 旗下 Deepmind 公司开发的 TensorFlow 项目[61]，掌握张量代数[60]是必要的。

除此之外，在深度学习中我们不仅需要学习概率论和数理统计，还需要掌握泛函分析[62]和抽象代数[63]，以便充分理解赋范空间和多项式环中有关代价函数的算法和机制。

深度学习并不是从天而降的，它从传感器网络、大数据、云计算、图

像处理、计算机视觉、模式分类、机器学习等方面汲取了人类过去数十年积累的计算经验。

我们强烈建议初学者从经典文献[1, 64, 65]或一本好书[3]开始深度学习之旅，通过下载相关的源代码进行实现，切身体验深度学习和一般机器学习的区别。基于上述第一手经验，鼓励读者进一步深入学习或开展研究工作，特别推荐数学知识和网络结构。

1.4 深度学习典型应用

基于深度学习我们已经开发了一系列工程项目[66-74]。这些研究成果的特点不同于传统的机器学习或模式分类，下面列举其中一些并简要阐述。

我们开发的其中一个项目是人脸检测和识别项目[70, 75, 76]。在该项目中，我们从多个视角拍摄得到多张人脸照片，并且使用数据增广技术来训练 inception 网络。如果无法检测到人脸，就快速切换到人类步态识别。如果人脸被部分覆盖，我们仍然可以使用经过良好训练的模型和训练数据集来检测人脸。

在基于人脸识别的年龄估计项目[77]中，我们提出了一种改进的端到端学习算法，通过使用深度卷积神经网络来解决年龄估计中的多类分类与回归的耦合问题。我们的贡献是提出了一个更新的年龄估计算法，通过采用最新的注意力和规范化机制来平衡所提出的模型的效率和精度。此外，由于其紧凑的网络结构和优越的性能，提出的模型适合部署在移动设备上。今后我们还会继续探索将这一机制应用于其他与人脸信息有关的应用。

人类的许多行为，如跑步、跳跃等，都可以通过深度学习来检测[78]。基于这项工作，我们快速检测行人特别是异常行为，以便用于异常检测[79]。与以往基于局部二值模式（Local Binary Patterns，LBP）和方向梯度直方图（Histograms of Oriented Gradients，HOG）的研究不同的是，我们采用了一个很大的训练数据集，并且以 YOLOv3 作为分类器。

我们还提出了一种称为时-空图卷积网络（Spatial-Temporal Graph

Convolutional Networks，ST-GCN）的动态骨架模型，通过从视觉数据中自动学习时空模式来实现人类行为识别。该模型基于视频进行姿态估计，并构造出骨架序列的时空图。多层时-空图卷积在图上逐步生成高层次的特征图，并且对相应的类别采用标准 softmax 分类器对其进行分类。

人体步态识别是最有前途的生物特征识别技术之一，尤其是在不引起人们注意的视频监控和远距离人体识别等应用场合[76, 80-83]。为了提高步态识别率，我们研究了基于深度学习的步态识别方法，并且提出了一种基于多通道卷积神经网络(Multichannel Convolutional Neural Networks，MCNN)和卷积长短期记忆（Convolutional Long Short-Term Memory，ConvLSTM）的步态识别方法。

我们还可以检测人的手指运动以便用于莫尔斯电码输入[84, 85]。在特定的场合下，如果不允许大声说话，我们可以利用手势或莫尔斯电码与他人保持联系，因为在桌面上写莫尔斯电码并不会引起太多注意。利用人类手势识别的计算机视觉技术可以用于在静音模式下进行相互无声的通信。

近年来，深度神经网络在解决复杂问题方面取得了显著进展。深度神经网络适合处理与时间序列分析相关的问题，如语音识别和自然语言处理等。例如，视频动态检测具有时间依赖性，视频动态检测需要利用给定视频的当前帧、上一帧和下一帧。如果某一帧发生了变化，它将触发是否发生视频事件(event)。既可以利用循环神经网络(Recurrent Neural Network，RNN）和门控循环单元（Gated Recurrent Unit，GRU）来实现高精度的实时视频动态检测，也可以采用卷积神经网络来减小视频数据量并从中提取关键信息。我们将卷积神经网络和循环神经网络集成在一起，大大减小了视频数据量并缩短了训练时间[86]。

我们还开发了一个用于运动车辆盲点的检测项目[87]。不仅减少了驾驶员频繁回头动作的次数，监控系统还能自动、及时地统计盲点内的运动物体情况，并随时向驾驶员报告潜在的危险。

火焰检测，即从燃烧的大火和可燃材料中识别出火焰，是我们多年来一直在开发的系列项目之一[72, 88]。在该项目中，我们通过对深度学习模型进行精调来侦测火焰区域，而真实火灾的特征可以用来判别火焰检测结果的对错。

纸币和硬币的检测、识别、取证仍然非常重要[89, 90]。到目前为止，我们可以从目标检测的角度快速找到纸币。我们以基于深度学习的 SSD 模型为主要框架，利用卷积神经网络来提取纸币的特征，从而能够准确地识别纸币和硬币的面额，包括正面和背面。

我们使用深度学习方法去除图像中的噪声。神经网络模型训练完毕后，可以得到使任何图像平滑的参数，包括 JPEG 有损压缩后的图像。深度学习具有重建图像的能力。

阿尔茨海默病（Alzheimer's Disease，AD）[91-93]是一种导致记忆和行为损害的神经退行性病变，早期发现和诊断可以延缓这种疾病的发展。深度学习已应用于阿尔茨海默病的诊断。我们提出了利用磁共振成像（Magnetic Resonance Imaging，MRI）对阿尔茨海默病进行早期诊断的一种带有注意力机制的选择性核网络（Selective Kernel Network with Attention，SKANet）。注意力机制已成为各种任务中引人注目的序列建模和转导模型的组成部分，它允许对输入或输出序列中的距离依赖性进行建模。注意力机制被添加到模块的底部，以强调重要的特征并抑制不必要的特征，从而更加准确地表示网络[94]。

深度学习还可以用来识别水果，并允许计算机检测水果并自动判断其新鲜度和成熟度[95]。苹果成熟度识别就是这样一种模式分类任务，该项目将采用深度神经网络和卷积神经网络对苹果的成熟度进行检测，项目的研究目的是验证深度学习在苹果识别方面的能力，以便用于果园从而节约人力劳动。此外，深度学习还可以用于食品安全评估，我们已经将深度学习用于肉质分析[73, 74, 96, 97]。

1.5　深度学习获奖论文

本节中，我们主要强调在 IEEE CVPR（IEEE Conference on Computer

Vision and Pattern Recognition）和 IEEE ICCV（International Conference on Computer Vision）会议上获奖的工作。IEEE ICCV（1987 年至今）设置了最佳论文奖——Marr 奖，该奖项被视为计算机视觉研究人员的最高荣誉之一。

2019 年，论文 *SinGAN: Learning a Generative Model from a Single Natural Image* 入选 ICCV'19 并荣获 Marr 奖。自此，生成式深度学习模型得到深入研究，并出现在当年的大多数模式识别会议和学术研讨会上。

2017 年，来自 Facebook 人工智能研究实验室（Facebook AI Research，FAIR）的论文 *Mask R-CNN* 荣膺最佳论文奖。Mask R-CNN 易于训练，并且与 Faster R-CNN 相比仅增加小部分开销[31]。Mask R-CNN 在每项任务上都优于当时所有的单一算法模型。

2015 年，该奖项授予了微软剑桥研究院（Microsoft Research Cambridge，英国）的论文 *Deep Neural Decision Forests*[18]。该论文通过端到端的方式对分类树进行训练，从而将分类树与深层卷积网络中已知的表征学习功能统一起来。

IEEE CVPR（1983 年至今）会议被认为是世界上规模最大的学术会议，具有很高的淘汰率，论文接收率一般不到 30%，口头报告的接收率不到 5%。会议一般在每年 6 月举行，而举办地通常情况下是在美国的西部、中部和东部地区之间循环。

一篇好的论文体现在很多方面，包括思想、写作、参考文献、公式、图表等，关键在于论文如何打动读者，以及这篇文章将会产生什么样的影响。近年来，在 CVPR 会议上发表了大量深度学习方面的研究论文。

2018 年，CVPR 的最佳论文是 *Taskonomy: Disentangling Task Transfer Learning*[46]。迁移学习是近年来深度学习研究的热点之一。

2017 年，*Densely Connected Convolutional Networks* 论文入选并获奖。DensNet[98]被认为是当年最重要的工作。

2016 年，来自微软亚洲研究院的论文 *Deep Residual Learning for Image Recognition* 获奖。ResNet[53]被认为是当年的一个突出贡献。

同时，著名学术期刊 *Nature* 和 *Science* 上发表了多篇与深度学习相关的论文，参见文献[1, 41, 99-101]和[2, 102, 103]。这些出版物促使研究人员加大了研究的力度，推动了深度学习的研究不断走向深入。

1.6 思 考 题

问题 1. 深度学习从何而来？

问题 2. 为什么深度学习在人工智能研究中如此重要？

问题 3. 什么是深度学习中的梯度消失和梯度爆炸问题？如何避免？

问题 4. 深度学习方法和支持向量机有什么区别？

问题 5. 为什么深度学习对计算机视觉、图像和视频技术的影响如此之大？

参 考 文 献

1. LeCun Y, Bengio Y, Hinton G (2015). Deep learning. Nature 521:436–444.
2. Hinton G, Salakhutdinov R (2006). Reducing the dimensionality of data with neural networks. Science 313(5786):504–507.
3. Goodfellow I, Bengio Y, Courville A (2016). Deep learning. MIT Press, Cambridge.
4. Glorot X, Bordes A, Bengio Y (2011). Deep sparse rectifier neural networks. In: International conference on artificial intelligence and statistics, pp 315–323.
5. Krizhevsky A, Sutskever I, Hinton G (2012). ImageNet classification with deep convolutional neural networks. In: Advances in neural information processing systems, pp 1097–1105.
6. Krizhevsky A, Sutskever I, Hinton G (2017). ImageNet classification with deep convolutional neural networks. Commun ACM 60(6):84–90.
7. Kriegeskorte N (2015). Deep neural networks: a new framework for modelling

biological vision and brain information processing. Ann Rev Vis Sci 24:417–446.
8. Stoer J, Bulirsch R (1991). Introduction to numerical analysis, 2nd edn. Springer, Berlin.
9. Wan L, Zeiler M, Zhang S, Le Cun Y, Fergus R (2013). Regularization of neural networks using DropConnect. In: International Conference on Machine Learning, pp 1058–1066.
10. LeCun Y, Boser B, Denker J, Henderson D, Howard R, Hubbard W, Jackel L (1989). Backpropagation applied to handwritten zip code recognition. Neural Comput 1(4):541–551.
11. Tang A, Lu K, Wang Y, Huang J, Li H (2015). A real-time hand posture recognition system using deep neural networks. ACM Trans Intell Syst Technol (TIST) 6(2):21.
12. LeCun Y, Bengio Y (1995). Convolutional networks for images, speech, and time series. In: The Handbook of Brain Theory and Neural Networks, vol 3361, issues 10. MIT Press, Cambridge.
13. Lee C, Gallagher P, Tu Z (2016). Generalizing pooling functions in convolutional neural networks: mixed, gated, and tree. In: Artificial Intelligence and Statistics, pp 464–472.
14. LeCun Y, Bottou L, Bengio Y, Haffner P (1998). Gradient-based learning applied to document recognition. Proc IEEE 86(11):2278–2324.
15. Ertel W (2017). Introduction to artificial intelligence. Springer International Publishing, Berlin.
16. Norvig P, Russell S (2016). Artificial intelligence: a modern approach. 3rd edn. Prentice Hall, Upper Saddle River.
17. Alpaydin E (2009). Introduction to machine learning. MIT Press, Cambridge.
18. Kontschieder P, et al (2015). Deep neural decision forests. In: IEEE ICCV.
19. Gottschalk S, Lin M, Manocha D (1996). OBBTree: a hierarchical structure for rapid interference detection. In: Conference on computer graphics and interactive

techniques, pp 171–180.

20. Yeh C, Su W, Lee S (2011). Employing multiple-kernel support vector machines for counterfeit banknote recognition. Appl Soft Comput 11(1): 1439–1447.
21. Zanaty EA (2012). Support vector machines (SVMs) versus multilayer perception (MLP) in data classification. Egypt Inf J 13(3):177–183.
22. Hinton G, Osindero S, Teh Y (2006). A fast learning algorithm for deep belief nets. Neural Comput 18(7):1527–1554.
23. Sarikaya R, Hinton G, Deoras A (2014). Application of deep belief networks for natural language understanding. IEEE/ACM Trans Audio Speech Lang Process 22(4):778–784.
24. Blake A, Rother C, Brown M, Perez P, Torr P (2004). Interactive image segmentation using an adaptive GMMRF model. In: European conference on computer vision, pp 428–441. Springer, Berlin.
25. Fischer A, Igel C (2012). An introduction to restricted Boltzmann machines. In: Iberoamerican congress on pattern recognition, pp 14–36.
26. Ackley D, Hinton G, Sejnowski T (1987). A learning algorithm for Boltzmann machines. In: Readings in computer vision, pp 522–533.
27. Girshick R, Donahue J, Darrell T, Malik J (2016). Region-based convolutional networks for accurate object detection and segmentation. IEEE Trans Pattern Anal Mach Intell 38(1):142– 158.
28. Girshick R (2015). Fast R-CNN. In: IEEE international conference on computer vision, pp 1440–1448.
29. Gkioxari G, Girshick R, Malik J (2015). Contextual action recognition with R-CNN. In: IEEE ICCV, pp 1080–1088.
30. Ren S, He K, Girshick R, Sun J (2015). Faster R-CNN: towards real-time object detection with region proposal networks. In: Advances in neural information processing systems, pp 91–99.

31. He K, Gkioxari G, Dollar P, Girshick R (2017). Mask R-CNN. In: IEEE ICCV, pp 2980–2988.
32. Redmon J, Divvala S, Girshick R, Farhadi A (2016). You only look once: unified, real-time object detection. In: IEEE CVPR, pp 779–788.
33. Molchanov V, Vishnyakov B, Vizilter Y, Vishnyakova O, Knyaz V (2017). Pedestrian detection in video surveillance using fully convolutional YOLO neural network. In: Automated visual inspection and machine vision II, vol 10334.
34. Liu W, Anguelov D, Erhan D, Szegedy C, Reed S, Fu C, Berg AC (2016). SSD: single shot multibox detector. In: European conference on computer vision, pp 21–37.
35. Nie G, Zhang P, Niu X, Dou Y, Xia F (2017). Ship detection using transfer learned single shot multi box detector. In: ITM web of conferences, vol 12, p 01006.
36. He K, Zhang X, Ren S, Sun J (2016). Deep residual learning for image recognition. In: IEEE CVPR, pp 770–778.
37. He K, Zhang X, Ren S, Sun J (2016). Identity mappings in deep residual networks. In: European conference on computer vision, pp 630–645.
38. Goodfellow I, Pouget-Abadie J, Mirza M, Xu B, Warde-Farley D, Ozair S, Courville A, Bengio Y (2014). Generative adversarial networks. In: Advances in neural information processing systems, pp 2672–2680.
39. Shrivastava A, et al (2017). Learning from simulated and unsupervised images through adversarial training. In: IEEE CVPR'17.
40. Mnih V et al (2015). Human-level control through deep reinforcement learning. Nature 518:529–533.
41. Littman M (2015). Reinforcement learning improves behavior from evaluative feedback. Nature 521:445–451.
42. Hasselt H (2011). Double Q-learning. In: Advances in neural information processing systems, pp 2613–2622.
43. Cho K (2013). Simple sparsification improves sparse denoising autoencoders in

denoising highly corrupted images. In: International conference on machine learning, pp 432–440.

44. Zeng K, Yu J, Wang R, Li C, Tao D (2017). Coupled deep autoencoder for single image super-resolution. IEEE Trans Cybern 47(1):27–37.
45. Xing C, Ma L, Yang X (2016). Stacked denoise autoencoder based feature extraction and classification for hyperspectral images. J Sens.
46. Zamir A, et al (2018). Taskonomy: disentangling task transfer learning. In: IEEE CVPR'18.
47. Hoo-Chang S, Roth H, Gao M, Lu L, Xu Z, Nogues I, Summers R (2016). Deep convolutional neural networks for computer-aided detection: CNN architectures, dataset characteristics and transfer learning. IEEE Trans Med Imag 35(5):1285.
48. Li S (2009). Markov random field modeling in image analysis. Springer, Berlin.
49. Koller D, Friedman N (2009). Probabilistic graphical models. MIT Press, Cambridge, MA.
50. Detwarasiti A, Shachter R (2005). Influence diagrams for team decision analysis. Decis Anal 2(4):207–228.
51. Wu B, Iandola F, Jin P, Keutzer K (2017). SqueezeNet: unified, small, low power fully convolutional neural networks for real-time object detection for autonomous driving. In: IEEE conference on computer vision and pattern recognition workshops, pp 129–137.
52. Guan Y, Li C, Roli F (2015). On reducing the effect of covariate factors in gait recognition: a classifier ensemble method. IEEE Trans Pattern Anal Mach Intell 37(07):1521–1529.
53. Veit A, Wilber M, Belongie S (2016). Residual networks behave like ensembles of relatively shallow networks. In: Advances in neural information processing systems, pp 550–558.

54. De Boer P, Kroese D, Mannor S, Rubinstein R (2005). A tutorial on the cross-entropy method. Ann Operat Res 134(1):19–67.

55. Dunne R, Campbell N (1997). On the pairing of the softmax activation and cross-entropy penalty functions and the derivation of the softmax activation function. In: Australian Conference on the Neural Networks, Melbourne, vol 181, p 185.

56. Cover T, Thomas J (1991). Elements of information theory. John Wiley & Sons Inc., Hoboken.

57. Baeza-Yates R, Ribeiro-Neto B (2011). Modern information retrieval: the concepts and technology behind search, 2nd edn. Addison-Wesley, Boston, UK.

58. Manning C, Raghavan P, Schutze H (2008). Introduction to Information Retrieval. Cambridge University Press, Cambridge.

59. McCulloch W, Pitts W (1943). A logical calculus of the ideas immanent in nervous activity. Bull Math Biophys 5(4):115–133.

60. Itskov M (2011). Tensor algebra and tensor analysis for engineers, 4th edn. Springer, Berlin.

61. Abadi M, Barham P, Chen J, Chen Z, Davis A, Dean J, Kudlur M (2016). TensorFlow: a system for large-scale machine learning. In: USENIX symposium on operating systems design and implementation (OSDI), USA, vol 16, pp 265–283.

62. Muscat J (2014). Functional analysis. Springer, Berlin.

63. Jacobson N (2009). Abstract algebra, 2nd Edn. Dover Publications, Mineola.

64. LeCun Y, Ranzato M (2013). Deep learning tutorial. In: International conference on machine learning (ICML'13).

65. Schmidhuber J (2015). Deep learning in neural networks: an overview. Neural Netw 61:85–117.

66. Kim Y (2014). Convolutional neural networks for sentence classification. In: Conference on empirical methods in natural language processing, pp 1746–1751.

67. Liu Z, Yan W, Yang M (2018). Image denoising based on a CNN model. In: International conference on control, automation and robotics (ICCAR), pp 389–393.

68. Liu Z (2018). Comparative evaluations of image encryption algorithms. Master's thesis, Auckland University of Technology, Auckland.

69. Ren Y (2017). Banknote recognition in real time using ANN. Master's thesis, Auckland University of Technology, Auckland, New Zealand.

70. Wang H (2018). Real-time face detection and recognition based on deep learning. Master's thesis, Auckland University of Technology, Auckland.

71. Zhang Q (2018). Currency recognition using deep learning. Master's thesis, Auckland University of Technology, Auckland, New Zealand.

72. Xin C (2018). Detection and recognition for multiple flames using deep learning. Master's thesis, Auckland University of Technology, Auckland, New Zealand.

73. Al-Sarayreh M (2020). Hyperspectral imaging and deep learning for food safety assessment. PhD thesis, Auckland University of Technology, Auckland, New Zealand.

74. Al-Sarayreh M, Reis M, Yan W, Klette R (2019). A sequential CNN approach for foreign object detection in hyperspectral images. In: CAIP'19, pp 271–283.

75. Cui W (2014). A scheme of human face recognition in complex environments. Master's thesis, Auckland University of Technology, Auckland, New Zealand.

76. Wang X, Yan W (2020). Multi-perspective gait recognition based on ensemble learning. Springer Neural Comput Appl 32:7275–7287.

77. Song C, He L, Yan W, Nand P (2019). An improved selective facial extraction model for age estimation. In: IVCNZ'19.

78. Lu J (2016). Empirical approaches for human behavior analytics. Master's thesis, Auckland University of Technology, Auckland, New Zealand.

79. An N (2020). Anomalies detection and tracking using siamese neural networks. Master's thesis, Auckland University of Technology, Auckland, New Zealand.

80. Wang X, Yan W (2019). Gait recognition using multichannel convolution neural networks. Springer neural computing and applications.

81. Wang X, Yan W (2020). Human gait recognition based on frame-by-frame gait energy images and convolutional long short term memory. Int J Neural Syst 30(1):1950027:1–1950027:12.

82. Wang X, Yan W (2019). Human gait recognition based on SAHMM. IEEE/ACM Trans Biol Bioinf.

83. Liu C, Yan W (2020). Gait recognition using deep learning. In: Handbook of research on multimedia cyber security (IGI Global), pp 214–226.

84. Li R (2017). Computer input of morse codes using finger gesture recognition. Master's thesis, Auckland University of Technology, Auckland, New Zealand.

85. Zhang Y (2016). A virtual keyboard implementation based on finger recognition. Master's thesis, Auckland University of Technology, Auckland, New Zealand.

86. Zheng K, Yan W, Nand P (2018). Video dynamics detection using deep neural network's. IEEE Trans Emerg Topics Comput Intell 2(3):224–234.

87. Shen Y, Yan W (2018). Blindspot monitoring using deep learning. In: IEEE IVCNZ'18.

88. Shen D, Chen X, Nguyen M, Yan WQ (2018). Flame detection using deep learning. In: International conference on control, automation and robotics (ICCAR), pp 416–420.

89. Zhang Q, Yan W, Kankanhalli M (2019). Overview of currency recognition using deep learning. J Bank Financ Technol 3(1):59–69.

90. Ma X (2020). Banknote serial number recognition using deep learning. Master's thesis, Auckland University of Technology, Auckland, New Zealand.

91. Ji H, Liu Z, Yan W, Klette R (2019). Early diagnosis of Alzheimer's disease using deep learning. In: ICCCV'19, pp 87–91.

92. Ji H, Liu Z, Yan W, Klette R (2019). Early diagnosis of Alzheimer's disease based on selective kernel network with spatial attention. In: ACPR'19, pp 503–515.

93. Sun S (2020). Empirical analysis for earlier diagnosis of alzheimer's disease using deep learning. Master's thesis, Auckland University of Technology, Auckland, New Zealand.
94. Vaswani A, et al (2017). Attention is all you need. In: Advances in neural information processing systems, USA.
95. Fu Y (2020). Fruit freshness grading using deep learning. Master's thesis, Auckland University, Auckland, New Zealand.
96. Al-Sarayreh M, Reis M, Yan W, Klette R (2018). Detection of red-meat adulteration by deep spectral-spatial features in hyperspectral images. J Imag 4(5):63.
97. Al-Sarayreh M, Reis M, Yan W, Klette R (2020). Potential of deep learning and snapshot hyperspectral imaging for classification of species in meat. Food Control 117:107332.
98. Huang G, Liu Z, Weinberger K, van der Maaten L (2017). Densely connected convolutional networks. In: IEEE CVPR.
99. Rumelhart D, Hinton G, Williams R (1986). Learning representations by backpropagating errors. Nature 323(6088):533–536.
100. Webb S (2018). Deep learning for biology. Nature 554:555–557.
101. Zhu B, et al (2018). Image reconstruction by domain-transform manifold learning. Nature 555:487–492.
102. George D et al (2017). A generative vision model that trains with high data efficiency and breaks text-based CAPTCHAs. Science 358(6368):eaag2612.
103. Jordan M, Mitchell T (2015). Machine learning: trends, perspectives, and prospects. Science 349(6245):255–260.

第 2 章 深度学习平台

2.1 引　　言

深度学习平台有很多种，如 Caffe（图 2.1）、TensorFlow、MXNet、Torch、Theano 等。Caffe（Convolutional Architecture for Fast Feature Embedding）是一个深度学习框架，最初是由美国加州大学伯克利分校开发的。Caffe 支持使用卷积神经网络、R-CNN、长短期记忆网络和全连接神经网络（Fully Connected Neural Network, FCNN）完成视觉目标检测、分类，图像分割等处理任务，还支持基于 GPU 和 CPU 的加速。Caffe2 则增加了一些新的功能，如循环神经网络。2018 年 3 月底，Caffe2 被并入 PyTorch 框架。

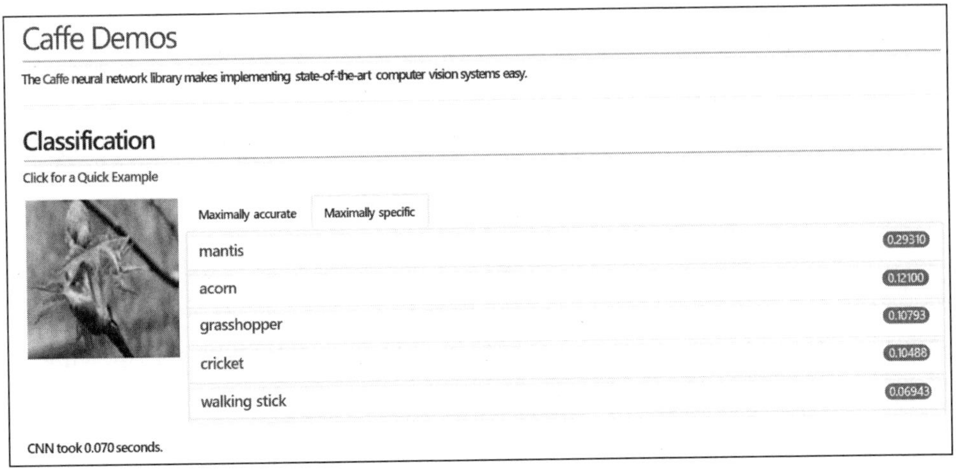

图 2.1　使用 Caffe 进行视觉目标分类

PyTorch 是一个开源机器学习库，可用于计算机视觉和自然语言处理等任务。PyTorch 主要是 Facebook 人工智能研究实验室开发的。PyTorch 定义了一个名为张量（Tensor）的类，用于存储和操作齐次多维矩形数组。

MXNet 是亚马逊公司采用的深度学习库，支持多种编程语言，如 C++、Python、R、Julia 等。MXNet 是一个灵活的、易伸缩的深度学习框架，包含深度学习的最先进技术，如卷积神经网络和长短期记忆网络等，还可以采用命令式和符号式编程。

Theano 是一个基于 Python 的数学表达式特别是矩阵值表达式的优化编译器，是加拿大蒙特利尔学习算法研究所（Montreal Institute for Learning Algorithms，MILA）开发的。Theano 是最稳定的库之一，允许通过其 Python 接口自动进行函数梯度计算。

通常，Python 包括 NumPy（*N* 维数组包）、SciPy（科学计算基础库）、Matplotlib（全面 2D 绘图）、Scikit-learn（机器学习库）等工具库。其中，NumPy 是一种利用 Python 进行科学计算的基础软件包。除其显而易见的科学用途外，NumPy 还可以用作通用数据的一种有效的多维容器。由于可以定义任意数据类型，这就使得 NumPy 能够无缝和快速地与各种数据库集成。

Matplotlib 是一个用于 Python 编程及其数学扩展的绘图库，也是 Python 中最常用的可视化工具包之一。根据其官方网站介绍，Matplotlib 是一个用 Python 创建静态、动画和交互式可视化的综合库，能够通过各种硬拷贝格式和跨平台的交互式环境生成出版质量级别的图像。

Scikit-learn（scikits.learn 或 sklearn）是一个用于 Python 编程的免费机器学习库，它包含各种分类、回归和聚类算法，如支持向量机、随机森林、梯度提升（gradient boosting）、*k*-均值等。另外，它还提供了基于 NumPy、SciPy、Matplotlib 等多种工具进行数据拟合、预处理、模型选择与评估的功能。

2.2　基于 MATLAB 的深度学习

MATLAB 是由美国 MathWorks 公司开发的一种多范式数值计算环境和专有编程语言。MATLAB 允许矩阵操作，绘制函数和数据，开发算法，创建用户界面，还能够与其他编程语言编写的程序进行交互。

MathWorks 的徽标是一个反映了 L 形区域上波动方程的特征函数的曲面图。如果 $t\in(0,\infty)$ 为时间，为了使波的传播速度等于 1，$x\geqslant 0$，$y\geqslant 0$ 为所选单元的空间坐标，则波的振幅满足如下偏微分方程：

$$\frac{\partial^2 u}{\partial t^2}=\frac{\partial^2 u}{\partial x^2}+\frac{\partial^2 u}{\partial y^2} \tag{2.1}$$

周期时间特性对应以下形式的解：

$$u(t,x,y)=\sin(y\sqrt{t})v(x,y) \tag{2.2}$$

其中，

$$\frac{\partial^2 v}{\partial x^2}+\frac{\partial^2 v}{\partial y^2}+\lambda v=0 \tag{2.3}$$

其中，λ 为特征值，$v(x,y)$为特征函数。

在 MATLAB 中，图 2.2 所示的区域函数（membrane function）可用于生成 MATLAB 徽标。L=membrane(k)，k=1,2,…,12 为 L 形区域的第 k 个特征函数。

MATLAB 利用工具箱和命令行窗口运行程序。尤其需要指出的是，MATLAB 早在 2017 年就已经增加了深度学习工具箱。2019 年，MATLAB 就可以用来构建生成对抗网络、孪生网络（siamese networks）、变分自编码器（Variational Auto-Encoder，VAE）及注意力网络（attention networks）。MATLAB 深度学习工具箱还可以组合卷积神经网络、长短期记忆网络层及包含 3D 卷积神经网络层[1]的神经网络。

MATLAB 的在线版本界面如图 2.3 所示。MATLAB 在线版本和离线版本的界面基本相同。如果获得了授权许可，就可以非常方便地访问软件系统并生成结果。MATLAB 还为进一步开发提供了各种示例、文档和源代码[1]。

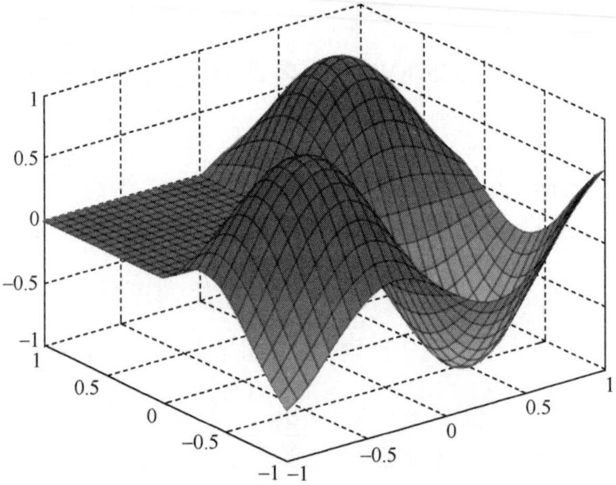

图 2.2　当参数 k=3 时 MATLAB 区域函数

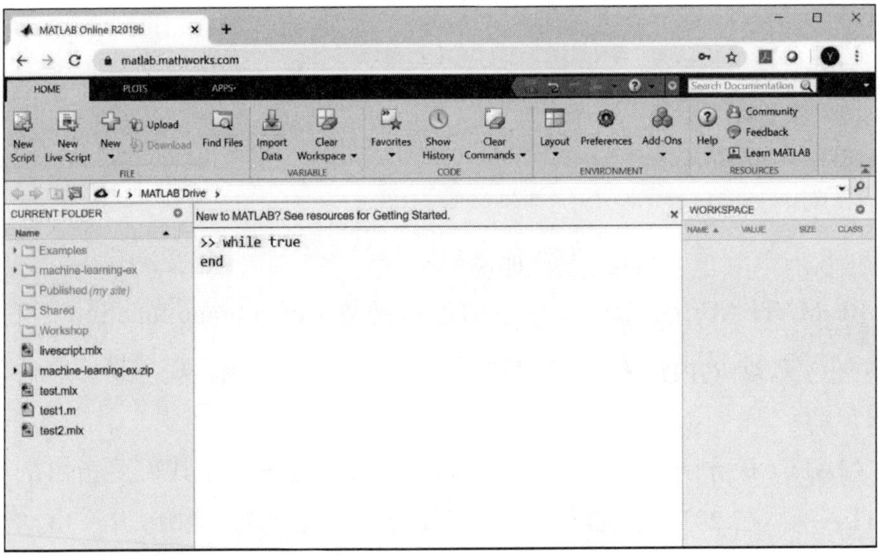

图 2.3　MATLAB 在线版本界面

MATLAB 很早就提供了人工神经网络工具箱，它帮助我们如何处理一些具体应用，如函数拟合（nftool）、模式分类（nprtool）、聚类（nctool）、时间序列预测和建模（ntstool）等。

通常，使用 MATLAB 进行深度学习的基本步骤包括：收集训练数据，配置网络，初始化权重，训练网络；此外，还需要最小化差异，验证分类结果；最后利用混淆矩阵（confusion matrix）对结果进行评估，即根据分类结果计算受试者工作特征曲线（Receiver Operating Characteristic，ROC）和曲线下面积（Area Under the Curve，AUC）。ROC 曲线使用 TPR 和 FPR 进行绘制，其中 TPR 对应 y 轴，FPR 对应 x 轴。

$$\mathrm{TPR}=\frac{\mathrm{TP}}{\mathrm{TP}+\mathrm{FN}} \tag{2.4}$$

其中，TP 是真正例（True Positive），FN 是假反例（False Negative）。

$$\mathrm{FPR}=\frac{\mathrm{FP}}{\mathrm{TN}+\mathrm{FP}} \tag{2.5}$$

其中，FP 是假正例（False Positive），TN 是真反例（True Negative）。

一个优秀模型具有接近 1.0 的 AUC 值,意味着它具有良好的可分离性。一个较差模型的 AUC 值接近 0，意味着其可分离性较差。

深度学习工具箱为设计和实现深度神经网络提供了一个包含算法、预训练模型和应用程序在内的框架。MATLAB 从 2017 年开始增加了包括迁移学习及用于时间序列分析的长短期记忆网络等的工具箱。其最新版本则覆盖了 AlexNet、GoogleNet、VGG-16/VGG-19、ResNet101、Inception v2、生成对抗网络、强化学习等算法和网络模型。MATLAB 还可以使用多块 GPU 及并行计算、集群计算、云计算等，来加快深度学习的过程。

MATLAB 可用于时间序列分析与预测。时间序列分析由分析时间序列数据的方法组成，以便提取数据中有意义的统计信息和其他特征。时间序列预测（Time Series Forecasting，TSF）使用一个模型基于以前观测的数据来预测未来的值，典型方法主要有谱分析、小波分析、自相关和互相关分析。MATLAB 提供了自回归（Autoregressive）、差分自回归移动平均模型（Autoregressive Integrated Moving Average Models，ARIMA）及状态-空间模型。在 MATLAB 深度学习工具箱中，长短期记忆网络作为一种循环神经网络已经被应用于时间序列分析和自然语言处理，可以帮助我们编写或修改所写的内容。

MATLAB 提供了计算机视觉工具箱，特别适合执行车辆自动驾驶、视觉目标检测、语义分割、数字图像处理等任务。MATLAB 有一个可以减少人力劳动的对训练数据自动打标签的软件：图像标签机。图像标签机或视频标注器提供了一种简单的方法，用于对视频或图像序列中的矩形感兴趣区域标签、折线感兴趣区域标签、像素感兴趣区域标签或场景标签进行标注。视频标注器采用自动化算法，例如，采用基于点跟踪[2]的 KLT（Kanade-Lucas-Tomasi）算法自动跨图像帧进行标注，如图 2.4 所示。按照步骤（加载图像、感兴趣区域、标注、数据增广、输出结果等），我们可以对所有采样图像进行标注。所有感兴趣区域都将被标注并输出，用于训练和分类，以便告诉计算机场景中的对象是什么[3]。

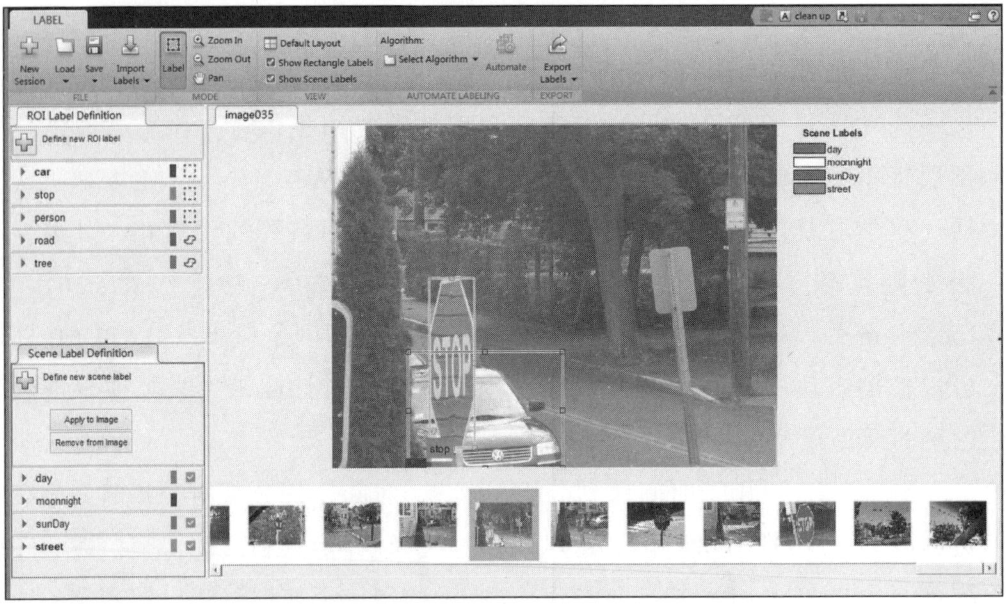

图 2.4　MATLAB 视频标注器

MATLAB 提供了迁移学习的功能。这意味着，当一个网络如 AlexNet 被训练好后，可以将训练好的参数应用到另一个新网络。我们只需加载预先训练过的网络，替换最后几层，再次训练该网络即可。迁移之后，如果再次训练新的网络，将会得到更好的结果。该过程可以减少计算时间，同时 MATLAB 也可以使优化后的神经网络速度更快。

MATLAB 中已经嵌入了 Fast R-CNN 和 Faster R-CNN 算法（基于区域的卷积神经网络）。以停车标志检测为例，一个最简单的深度学习网络只需 11 行源代码就可以完成该任务[4, 5]。

目前 MATLAB 可以使用桌面版本和在线版本运行大部分的深度学习算法。如果是 MATLAB 注册用户，还可以开发自己的工具箱。MATLAB 为用户提供了易于交互的图形用户接口（Graphical User Interface，GUI）。MATLAB 可以直观地显示结果，我们还可以使用 GUI 界面来开发应用程序。

MATLAB 深度学习工具箱可用于生物特征识别，如人脸、指纹、声音、年龄、步态及 DNA 识别等。这是因为深度学习可以发现数据集背后的潜在模式。另外，MATLAB 还支持云计算和并行计算，可用于人脸检测、视觉目标检测、车辆检测、车道检测和行人检测等场合。

在最新版本中，MATLAB 支持人工智能、基于事件的建模等。

2.3　基于 TensorFlow 的深度学习

TensorFlow（https://www.tensorflow.org/）是 Google 公司开发的平台，已经被应用于深度学习。TensorFlow 可以在桌面操作系统（MS Windows、Mac OS、Linux 等）上运行，也可以在 Colaboratory（简称 Colab）平台在线运行，如图 2.5 所示。Colab 可以提供在线 GPU 服务，并且完全运行在云上。通过 Colab，我们可以编写和执行代码，保存和分享经验，开发网站，还可以通过浏览器访问强大的计算资源，而无须复杂的配置。

张量是向量和矩阵向更高维度的推广。一般来说，在张量中，向量或矩阵的元素仍然是标量、向量或矩阵。TensorFlow 是一个定义和运行涉及张量计算的框架。

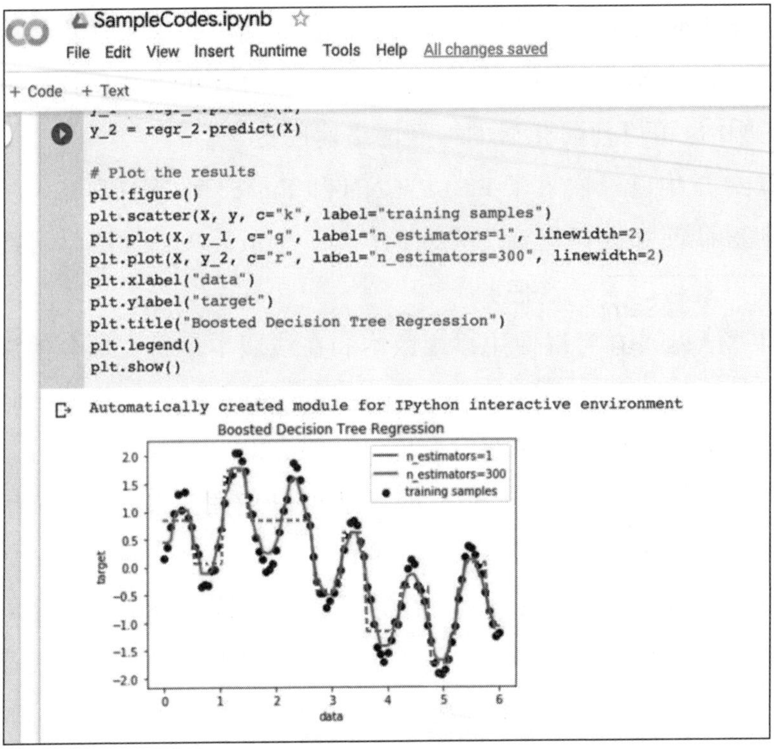

图 2.5　Google 公司开发的 Colaboratory

TensorFlow 是专门针对大数据处理而开发的。可以结合 TensorBoard[6] 利用图形来实现可视化，还可以从 TensorFlow 中找到各种数值方法。TensorFlow 采用基本数据类型将张量表示为 n 维数组，这些数据类型揭示了不同数据集之间的相关性。

TensorFlow 不仅拥有普通的数据类型，还包含一些特殊的数据类型，如形状（shape）、变量（variable）、常量（constant）、占位符（placeholder）等。秩（rank）定义了张量的维度，如标量（0 维张量）、向量（1 维张量）、矩阵（2 维张量）等。

TensorFlow 的安装基于 Mac OS、Unix、MS Windows、Ubuntu 等操作系统。在 Python 3.0 之后，常使用 pip3 来安装基于 Python 的应用程序，命令如下：

```
C:> pip3 install -- upgrade tensorflow
```

TensorFlow 需要通过会话（session）来显示输出，通常与 print 命令一起工作来显示变量的输出。例如，著名的演示程序“Hello,TensorFlow!”如图 2.6 所示。在 TensorFlow 中，一个 session 封装了程序运行时的状态和操作，表示客户机程序之间的连接，即客户机程序使用分布式 TensorFlow 连接本地机器的硬件设备和远程设备。

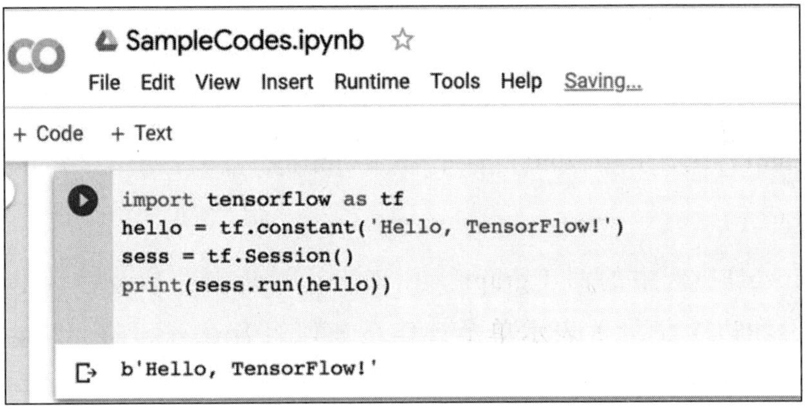

图 2.6　Hello,TensorFlow!

TensorFlow 不仅自带显示“加”“乘”“点积”“零”等基础操作的示例源代码，其中的优化器（optimizer）还可以帮助我们采用随机梯度下降算法快速地找到权重或变量的梯度。例如，$z=x^2+xy$，$x,y,z\in R$，其梯度为

$$\begin{cases}\dfrac{\partial z}{\partial x}=2x+y\\[2mm]\dfrac{\partial z}{\partial y}=x\end{cases}\tag{2.6}$$

为了最小化函数 $z(\cdot)$，可以迭代地执行以下标准梯度下降法：

$$\begin{cases}x'=x-\eta\dfrac{\partial z}{\partial x}\\[2mm]y'=y-\eta\dfrac{\partial z}{\partial y}\end{cases}\tag{2.7}$$

其中，η 为机器学习中的步长或学习率。

给定 η=0.1，随机选择 x=5，y=3，根据式(2.7)计算可得：$x'=3.7,\ y'=2.5$。重复上述过程，令 $(x,y)\leftarrow(x',y')$，由于 η<1，因此(x, y)将收敛于局部极值点，即

$$\begin{cases} x_{n+1}=x_n-\eta\dfrac{\partial z}{\partial x_n} \\ y_{n+1}=y_n-\eta\dfrac{\partial z}{\partial y_n} \end{cases} \tag{2.8}$$

其中，$\lim\limits_{n\to\infty}(x_{n+1}-x_n)=0$，$\lim\limits_{n\to\infty}(y_{n+1}-y_n)=0$，$\lim\limits_{n\to\infty}(x_n,y_n)=(x_p,y_p)$，$P(x_p,y_p)$是局部极值点。

TensorFlow 中的图（graph）用来表示计算网的构造，其中的节点（操作）和边（张量）表示单个操作是如何组合在一起的。TensorFlow 的集合（collection）通过元数据（metadata）来存储。TensorFlow 提供的可视化工具 TensorBoard 则通过浏览器（如 IE、Google Chrome 等）以图形化的方式显示计算图（computational graph）。TensorBoard 通过以下命令启动：

```
C:> tensorboard - - logdir="...\tensorflow\graph"
```

在此之前，需要调用函数“tf.summary.FileWriter(·)”将计算图保存到一个概要文件中。TensorBoard 在 http 服务器的支持下在浏览器中可视化显示一张图的结构，可视化的结果可以从网站 http://localhost:6006/#graphs 上下载。

图 2.7 所示为使用 TensorFlow 展示的一个神经网络结构图，其训练的精度如图 2.8 所示。图 2.9 所示为使用 TensorFlow 和 TensorBoard 可视化的渲染效果。

MNIST 数据集是一个大型的手写数字数据集，可用于各种图像处理任务的训练。MNIST 数据集包含 60000 幅训练图像和 10000 幅测试图像。2017 年发布了一个类似于 MNIST 的扩展数据集，称之为 EMNIST

数据集，该数据集包含 240000 幅手写数字和字符的训练图像及 40000 幅测试图像。

采用 MNIST 数据集对卷积神经网络进行训练的一般步骤如下：

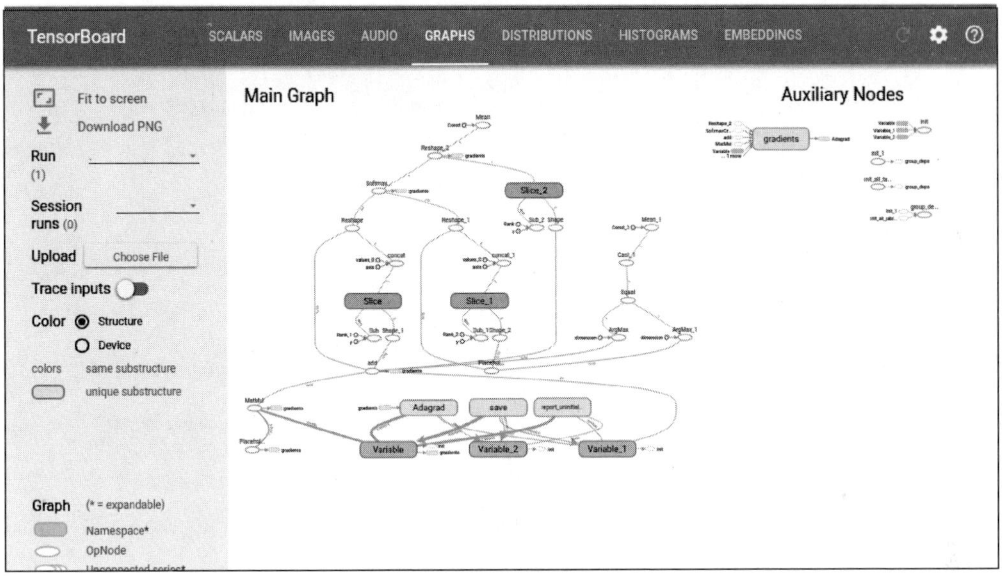

图 2.7　神经网络结构图

- 步骤 1　加载训练数据和评估数据；
- 步骤 2　创建估计器/调用卷积神经网络模型函数；
- 步骤 3　配置卷积神经网络模型，包括卷积层、池化层、全连接层；
- 步骤 4　为预测设置日志；
- 步骤 5　训练网络模型；
- 步骤 6　评估模型并打印结果。

采用 MNIST 数据集对循环神经网络进行训练的一般步骤如下：

- 步骤 1　设置网络超参数；
- 步骤 2　TensorFlow 图输入；
- 步骤 3　定义权重；
- 步骤 4　运行循环神经网络模型函数；
- 步骤 5　将隐含层的输出作为最终结果。

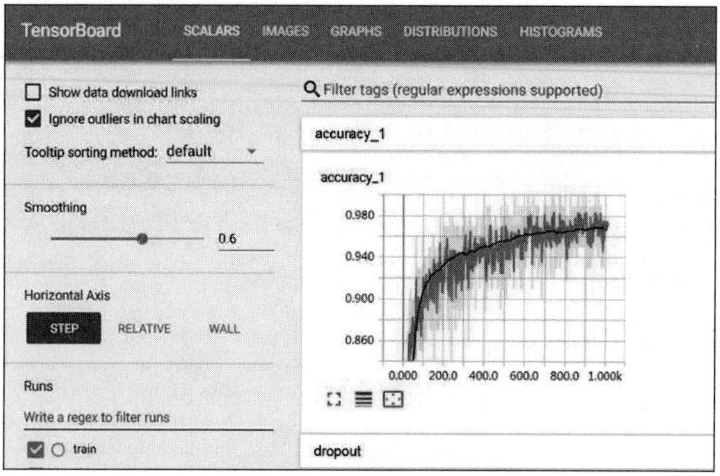

图 2.8　采用 TensorFlow 训练的精度

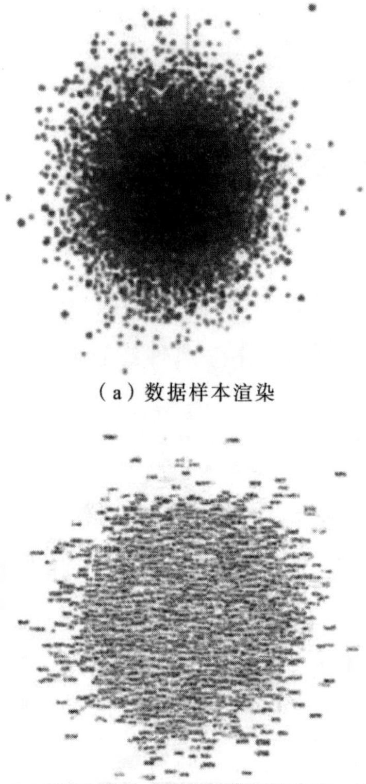

（a）数据样本渲染

（b）数据标签渲染

图 2.9　渲染结果

2.4　数 据 增 广

图像增广（image augmentation）是指对数字图像进行的一系列处理，包括图像裁剪、调整大小、旋转、拉伸、剪切、翻转和反射；还有其他的人为操作，如镜头扭曲、添加噪声和模糊等。

在人脸检测[7]项目中，我们采用两种不同形式的数据增广技术，从而产生图像平移和水平反射，改变训练图像中的 RGB 通道的亮度。在货币识别[8]和火焰检测[9]项目中，采用缩放到统一大小、剪辑或扩充、裁剪、随机旋转、色彩调整等图像处理操作。在钞票序列号识别[10]项目中，使用的图像增广方法包括旋转、平移、颜色抖动、添加高斯噪声等。

颜色抖动操作使我们能够通过随机的颜色变化来改变图像的颜色。例如，可以对任意颜色指定其色调、饱和度、增益的范围。我们还可以利用主成分分析算法对图像的每个颜色矩阵进行主成分计算，并通过在主成分上添加偏移量来产生新的变化。颜色抖动的一个例子如图 2.10 所示。

在异常检测和目标跟踪项目[11]中，采用的数据增广操作包括几何变换、仿射变换、噪声注入和随机擦除等。在车辆相关场景理解[3]项目中，将离线增广和在线增广视为两类充实数据的方法,其中在线增广包括旋转、平移、翻转等；而离线增广通常用于小数据集，它通过使用一个与执行的转换数相等的因子来增加数据集的大小。在大多数情况下，需要将多种变换方法合并在一起，以便实现更全面的数据扩充。

在水果新鲜度分级[12]项目中，使用的图像增广技术包括图像缩放、旋转、裁剪和添加随机噪声。在对数字图像添加随机噪声时，依次执行随机亮度调整、随机对比度和随机擦除。

MATLAB 通过图像处理工具箱来提供图像增广技术，包括：随机图像扭曲、裁剪、颜色变换、合成噪声、合成模糊等。我们还设计了一个图像数据增广器，它包含图像增广的一系列预处理选项，如图像缩放、旋转和反射。

（a）原始图像

（b）颜色抖动后的图像

图 2.10　使用 PCA 进行颜色抖动的结果

2.5　数学基础

MATLAB 主要用于数值分析，特别是 MATLAB 中的所有变量都是数组或向量。TensorFlow 源自对多维数据数组（multidimensional data arrays）的操作，这些数据称为张量。为了更好地理解深度学习算法在 MATLAB 中的实现原理，下面介绍与 MATLAB 相关的数学基础知识。

对于任意两个实数，其运算满足结合律和交换律。在数学分析中，有无穷大（正无穷大$+\infty$，负无穷大$-\infty$）的概念，还可以定义$\infty\pm\infty$、∞/∞等运算。

在实分析中关注的一个概念是集合。在实数集的基础上，可以构造从一个集合到另一个集合的映射函数。若函数 $f(x)$ 满足条件 $\lim\limits_{x\to x_0} f(x)=f(x_0)=f(x_0^+)=f(x_0^-)$，$x,x_0,x_0^+,x_0^-\in[a,b]$，则称函数$f(x)$在区间$[a, b]$上是连续的，并且记 $f(x)\in C[a,b]$。若函数 $f(x)$，$g(x)\in C[a,b]$，则有 $f(x)\pm g(x)\in C[a,b]$，$f(x)\times g(x)\in C[a,b]$，并且 $f(x)\div g(x)\in C[a,b]$。

函数可微意味着

$$f'(x_0)=\lim_{x\to x_0}\frac{f(x)-f(x_0)}{x-x_0}=f'(x_0^+)=f'(x_0^-)=\left.\frac{\mathrm{d}f(x)}{\mathrm{d}x}\right|_{x=x_0} \tag{2.9}$$

若 $f'(x)$，$g'(x)\in C[a,b]$，则 $f'(x)\pm g'(x)\in C[a,b]$，$f'(x)\times g'(x)\in C[a,b]$，$f'(x)\div g'(x)\in C[a,b]$。

在链式法则中，如果$f(x)=g(y)$，$y=h(x)$，则$f(x)=g(h(x))$，从而有

$$\frac{\partial f(x)}{\partial x}=\frac{\partial g(y)}{\partial y}\frac{\partial y}{\partial x}=\frac{\partial g(y)}{\partial y}\frac{\partial h(x)}{\partial x} \tag{2.10}$$

根据泰勒级数展开公式，给定$f(x)\in C[a, b]$，可得：

$$f(x)=f(x_0)+f'(x_0)(x-x_0)+\frac{1}{2!}f^{(2)}(x-x_0)^2+\cdots+\frac{1}{k!}f^{(k)}(x-x_0)^k+\cdots \tag{2.11}$$

这就意味着在区间$[a,b]$上定义的所有连续函数都可以转化为多项式的形式。例如，由于$\lim\limits_{x\to 0}(\sin x/x)=1$，即当$x\to 0$时，$\sin x\approx x$。

可以用给定的支撑点对一条曲线进行多项式插值。典型的插值多项式有二次曲线、三次多项式、样条函数（spline functions）、贝塞尔函数（Bezier functions）等。例如，对于拉格朗日插值函数（Lagrange interpolating function），有如下 n 次多项式：

$$f(x)=\sum_{i=0}^{n}\prod_{i=0;i\neq j}^{n}\frac{(x-x_i)}{(x_j-x_i)}\cdot y_i \tag{2.12}$$

其中，对于任意点，(x_i, y_i)均满足 $y_i=f(x_i)$，$i=0,1,\cdots,n$。

向量空间（vector space）又称线性空间，指的是满足如下公理的非空集合 $\boldsymbol{V}$:

① $\boldsymbol{x}+\boldsymbol{y}=\boldsymbol{y}+\boldsymbol{x}$，$\forall \boldsymbol{x},\boldsymbol{y}\in \boldsymbol{V}$（加法交换律）;

② $(\boldsymbol{x}+\boldsymbol{y})+\boldsymbol{z}=\boldsymbol{x}+(\boldsymbol{y}+\boldsymbol{z})$，$\forall \boldsymbol{x},\boldsymbol{y},\boldsymbol{z}\in \boldsymbol{V}$（加法结合律）;

③ 对集合 $\boldsymbol{V}$ 中的任意向量 $\boldsymbol{x}$，存在唯一的零向量 $\boldsymbol{0}$，使得 $\boldsymbol{0}+\boldsymbol{x}=\boldsymbol{x}$；

④ 对集合 $\boldsymbol{V}$ 中的任意向量 $\boldsymbol{x}$，存在唯一的向量 $-\boldsymbol{x}$，使得 $\boldsymbol{x}+(-\boldsymbol{x})=\boldsymbol{0}$。

对任意组合 a（实数）和 $\boldsymbol{x}$（向量），存在一个向量 $a\boldsymbol{x}$，称之为 a 和 $\boldsymbol{x}$ 的数量积或标量积（scalar product），满足:

① $a(\beta \boldsymbol{x})=(a\beta)\boldsymbol{x}$（结合律）;

② $1\boldsymbol{x}=\boldsymbol{x}$；

③ $a(\boldsymbol{x}+\boldsymbol{y})=a\boldsymbol{x}+a\boldsymbol{y}$（向量加法的分配律）;

④ $(a+\beta)\boldsymbol{x}=a\boldsymbol{x}+\beta\boldsymbol{x}$，$a,\beta\in R$，$\boldsymbol{x}\in \boldsymbol{V}$（标量加法的分配律）。

向量空间具有如下性质:

① 向量空间 $\boldsymbol{V}$ 中的基是一组由线性无关向量构成的集合 $\boldsymbol{G}=\{\boldsymbol{g}_1,\boldsymbol{g}_2,\cdots,\boldsymbol{g}_n\}\subset \boldsymbol{V}$，因而 $\boldsymbol{V}$ 中的任意向量都可以采用 $\boldsymbol{G}$ 中元素的线性组合进行表示;

② 如果向量空间 $\boldsymbol{V}$ 存在一组有限基 $\boldsymbol{G}=\{\boldsymbol{g}_1,\boldsymbol{g}_2,\cdots,\boldsymbol{g}_n\},n<\infty$，则 $\boldsymbol{V}$ 是有限维的，即 $\|\boldsymbol{V}\|<\infty$；

③ 有限维向量空间 $\boldsymbol{V}$ 的维数是 $\boldsymbol{V}$ 的有限基 $\{\boldsymbol{g}_1,\boldsymbol{g}_2,\cdots,\boldsymbol{g}_n\}$ 的元素数量，即 $\|\boldsymbol{V}\|=n$；

④ 如果 $\boldsymbol{G}=\{\boldsymbol{g}_1,\boldsymbol{g}_2,\cdots,\boldsymbol{g}_n\}$ 是 n 维向量空间 $\boldsymbol{V}$ 的一组基，则对 $\boldsymbol{x}\in \boldsymbol{V}$，满足以下爱因斯坦求和约定（Einstein's summation convention）:

$$\boldsymbol{x}=\sum_{i=1}^{n}\boldsymbol{x}^i\boldsymbol{g}_i$$

向量空间 $\boldsymbol{V}$ 中两个向量 $\boldsymbol{x}$ 和 $\boldsymbol{y}$ 的标量（内）积是实值函数 $\boldsymbol{x}\cdot\boldsymbol{y}$，并且满足:

① $\boldsymbol{x}\cdot\boldsymbol{y}=\boldsymbol{y}\cdot\boldsymbol{x}$（交换律）；

② $\boldsymbol{x}\cdot(\boldsymbol{y}+\boldsymbol{z})=\boldsymbol{x}\cdot\boldsymbol{y}+\boldsymbol{x}\cdot\boldsymbol{z}$（分配律）；

③ $a(\boldsymbol{x}\cdot\boldsymbol{y})=(a\boldsymbol{x})\cdot\boldsymbol{y}=\boldsymbol{x}\cdot(a\boldsymbol{y}),\ \forall a\in R,\ \forall\boldsymbol{x},\boldsymbol{y},\boldsymbol{z}\in\boldsymbol{V}$（乘以一个标量的结合律）；

④ $\boldsymbol{x}\cdot\boldsymbol{x}\geqslant 0,\ \forall\boldsymbol{x}\in\boldsymbol{V}$，$\boldsymbol{x}\cdot\boldsymbol{x}=0$ 当且仅当 $\boldsymbol{x}=\boldsymbol{0}$；

⑤ 向量 $\boldsymbol{x}$ 的欧几里得长度（也称为范数）定义为 $\|\boldsymbol{x}\|_1=\sqrt{\boldsymbol{x}\cdot\boldsymbol{x}}$；

⑥ 如果两个非零向量 $\boldsymbol{x}$ 和 $\boldsymbol{y}$ 满足 $\boldsymbol{x}\cdot\boldsymbol{y}=0$，则称 $\boldsymbol{x}$ 和 $\boldsymbol{y}$ 正交，记为 $\boldsymbol{x}\perp\boldsymbol{y}$；

⑦ 如果 $\boldsymbol{e}_i\cdot\boldsymbol{e}_j=\delta_{ij},\ i,j=1,2,\cdots,n$，则 n 维欧几里得空间 $\boldsymbol{E}^n$ 的一组基 $\boldsymbol{E}=\{\boldsymbol{e}_1,\boldsymbol{e}_2,\cdots,\boldsymbol{e}_n\}$ 是标准正交的，其中

$$\delta_{ij}=\delta^{ij}=\delta_j^i=\delta_i^j=\begin{cases}1, & \boldsymbol{x}=\boldsymbol{y}\\ 0, & \boldsymbol{x}\neq\boldsymbol{y}\end{cases}$$

⑧ 称 $\boldsymbol{e}_1=\dfrac{\boldsymbol{x}_1}{\|\boldsymbol{x}_1\|},\cdots,\boldsymbol{e}_n=\dfrac{\boldsymbol{e}_n'}{\|\boldsymbol{e}_n'\|}$ 为 Gram-Schmidt 过程，其中 $\boldsymbol{e}_n'=\boldsymbol{x}_n-\langle\boldsymbol{x}_n,\boldsymbol{e}_{n-1}\rangle\boldsymbol{e}_{n-1}-\cdots-\langle\boldsymbol{x}_n,\boldsymbol{e}_1\rangle\boldsymbol{e}_1$。

令 $\boldsymbol{G}=\{\boldsymbol{g}_1,\boldsymbol{g}_2,\cdots,\boldsymbol{g}_n\}$ 是 n 维欧几里得空间 $\boldsymbol{E}^n$ 的一组基，如果 $\boldsymbol{g}_i\cdot\boldsymbol{g}_j'=\delta_{ij},\ i,j=1,2,\cdots,n$，则基 $\boldsymbol{G}'=\{\boldsymbol{g}_1',\boldsymbol{g}_2',\cdots,\boldsymbol{g}_n'\}$ 与基 $\boldsymbol{G}$ 互为对偶。$\boldsymbol{g}_i$ 是线性无关的，若满足 $\sum a_i\boldsymbol{g}_i=0\Rightarrow a_i=0$。

向量 $\boldsymbol{x}$ 的长度可以写成：$\|\boldsymbol{x}\|=\sqrt{\boldsymbol{x}_i\boldsymbol{g}_i\cdot\boldsymbol{x}_j'\boldsymbol{g}_i'}=\sqrt{\boldsymbol{x}_i}\cdot\boldsymbol{x}_j'\cdot\delta_{ij}=\sqrt{\boldsymbol{x}_i}\cdot\boldsymbol{x}_j'$。例如，$\boldsymbol{G}=\{\boldsymbol{e}_1,\boldsymbol{e}_2,\boldsymbol{e}_3\}=\{\boldsymbol{e}_2\times\boldsymbol{e}_3,\boldsymbol{e}_3\times\boldsymbol{e}_1,\boldsymbol{e}_1\times\boldsymbol{e}_2\}$。

如果 $\langle\boldsymbol{x},\boldsymbol{y}\rangle=\boldsymbol{x}+\mathrm{i}\boldsymbol{y}$，其中 $\mathrm{i}=\sqrt{-1}$，则 $(a+\mathrm{i}\beta),\langle\boldsymbol{x},\boldsymbol{y}\rangle=\langle(a\boldsymbol{x}-\beta\boldsymbol{y}),(\beta\boldsymbol{x}+a\boldsymbol{y})\rangle$，$\boldsymbol{x},\boldsymbol{y}\in\boldsymbol{E}^n$，$\boldsymbol{z}=\boldsymbol{x}+\mathrm{i}\boldsymbol{y}\in\boldsymbol{C}^n$，$\boldsymbol{A}(\boldsymbol{x}+\mathrm{i}\boldsymbol{y})=\boldsymbol{A}\boldsymbol{x}+\mathrm{i}(\boldsymbol{A}\boldsymbol{y}),\ \boldsymbol{A}\in\boldsymbol{L}^n$。

对一个张量空间（tensor space），设 $\boldsymbol{L}^n$ 是 $\boldsymbol{E}^n$ 中一个向量到另一个向量的所有线性映射的集合，$\boldsymbol{y}=\boldsymbol{A}\boldsymbol{x}$，$\boldsymbol{x},\boldsymbol{y}\in\boldsymbol{E}^n$，$\boldsymbol{A}\in\boldsymbol{L}^n$，则有

- 张量线性：$\boldsymbol{A}(\boldsymbol{x}+\boldsymbol{y})=\boldsymbol{A}\boldsymbol{x}+\boldsymbol{A}\boldsymbol{y},\ \forall\boldsymbol{x},\boldsymbol{y}\in\boldsymbol{E}^n,\ \forall\boldsymbol{A}\in\boldsymbol{L}^n$；
- $\boldsymbol{A}(a\boldsymbol{x})=a(\boldsymbol{A}\boldsymbol{x}),\ \forall\boldsymbol{x}\in\boldsymbol{E}^n,\ \forall a\in R,\ \forall\boldsymbol{A}\in\boldsymbol{L}^n$；
- 张量与标量的乘积：$(a\boldsymbol{A})\boldsymbol{x}=a(\boldsymbol{A}\boldsymbol{x})=\boldsymbol{A}(a\boldsymbol{x}),\ \forall\boldsymbol{x}\in\boldsymbol{E}^n$；
- 张量和：$(\boldsymbol{A}+\boldsymbol{B})\boldsymbol{x}=\boldsymbol{A}\boldsymbol{x}+\boldsymbol{B}\boldsymbol{x}$；
- 负张量：$-\boldsymbol{A}=(-1)\boldsymbol{A}$；

- 零张量：$\mathbf{0}\boldsymbol{x}=0$，$\forall \boldsymbol{x}\in \boldsymbol{E}^n$；
- 加法交换律：$\boldsymbol{A}+\boldsymbol{B}=\boldsymbol{B}+\boldsymbol{A}$；
- 加法结合律：$\boldsymbol{A}+(\boldsymbol{B}+\boldsymbol{C})=(\boldsymbol{A}+\boldsymbol{B})+\boldsymbol{C}$；
- 元素 **0**：$\mathbf{0}+\boldsymbol{A}=\boldsymbol{A}$，$\boldsymbol{A}+(-\boldsymbol{A})=\mathbf{0}$；
- 标量的乘法结合律：$a(\beta\boldsymbol{A})=(a\beta)\boldsymbol{A}$；
- 元素 **1**：$\mathbf{1}\boldsymbol{A}=\boldsymbol{A}$；
- 标量乘法对张量加法的分配律：$a(\boldsymbol{A}+\boldsymbol{B})=a\boldsymbol{A}+a\boldsymbol{B}$，$\boldsymbol{A},\boldsymbol{B}\in \boldsymbol{L}^n$；
- 标量加法对张量乘法的分配律：$(a+\beta)\boldsymbol{A}=a\boldsymbol{A}+\beta\boldsymbol{A}$，$a,\beta\in R$；
- $\boldsymbol{E}^3$空间的向量乘积，如$\boldsymbol{z}=\boldsymbol{x}\times\boldsymbol{y}$，$\boldsymbol{x},\boldsymbol{y},\boldsymbol{z}\in \boldsymbol{E}^3$；
- 旋转张量：$\boldsymbol{R}(\boldsymbol{a})$，$\boldsymbol{a}\in \boldsymbol{E}^3$且$\boldsymbol{R}\in \boldsymbol{L}^3$。

对张量函数，有如下性质。

- 函数连续性：

$$\lim_{t\to t_0}\boldsymbol{x}(t)=\boldsymbol{x}(t_0) \tag{2.13}$$

$$\lim_{t\to t_0}\boldsymbol{A}(t)=\boldsymbol{A}(t_0) \tag{2.14}$$

- 可微：

$$\frac{\mathrm{d}\boldsymbol{x}(t)}{\mathrm{d}t}=\lim_{s\to 0}\frac{\boldsymbol{x}(t+s)-\boldsymbol{x}(t)}{s} \tag{2.15}$$

$$\frac{\mathrm{d}\boldsymbol{A}(t)}{\mathrm{d}t}=\lim_{s\to 0}\frac{\boldsymbol{A}(t+s)-\boldsymbol{A}(t)}{s} \tag{2.16}$$

- 标量函数与向量或张量值函数的乘积满足：

$$\frac{\mathrm{d}}{\mathrm{d}t}[u(t)\boldsymbol{x}(t)]=\frac{\mathrm{d}u}{\mathrm{d}t}\boldsymbol{x}(t)+\frac{\mathrm{d}\boldsymbol{x}}{\mathrm{d}t}u(t) \tag{2.17}$$

$$\frac{\mathrm{d}}{\mathrm{d}t}[u(t)\boldsymbol{A}(t)]=\frac{\mathrm{d}u}{\mathrm{d}t}\boldsymbol{A}(t)+\frac{\mathrm{d}\boldsymbol{A}}{\mathrm{d}t}u(t) \tag{2.18}$$

- 两个向量或张量值函数的标量积满足：

$$\frac{\mathrm{d}}{\mathrm{d}t}[\boldsymbol{x}(t)\cdot\boldsymbol{y}(t)]=\frac{\mathrm{d}\boldsymbol{x}}{\mathrm{d}t}\cdot\boldsymbol{y}(t)+\boldsymbol{x}(t)\frac{\mathrm{d}\boldsymbol{y}}{\mathrm{d}t} \tag{2.19}$$

$$\frac{\mathrm{d}}{\mathrm{d}t}[\boldsymbol{A}(t):\boldsymbol{B}(t)]=\frac{\mathrm{d}\boldsymbol{A}}{\mathrm{d}t}:\boldsymbol{B}(t)+\boldsymbol{A}(t):\frac{\mathrm{d}\boldsymbol{B}}{\mathrm{d}t} \tag{2.20}$$

- 两个张量值函数的复合满足：

$$\frac{\mathrm{d}}{\mathrm{d}t}[\boldsymbol{A}(t)\boldsymbol{B}(t)]=\frac{\mathrm{d}\boldsymbol{A}}{\mathrm{d}t}\boldsymbol{B}(t)+\boldsymbol{A}(t)\frac{\mathrm{d}\boldsymbol{B}}{\mathrm{d}t} \tag{2.21}$$

- $\boldsymbol{Aa}=\lambda\boldsymbol{a}$，$\boldsymbol{a}\neq 0$，$\boldsymbol{bA}=\lambda\boldsymbol{b}$，$\boldsymbol{b}\neq 0$，$\boldsymbol{a},\boldsymbol{b}\in\boldsymbol{C}^n$，$\lambda\in\boldsymbol{C}$，$\boldsymbol{A}\in\boldsymbol{L}^n$。$\lambda$ 是张量 $\boldsymbol{A}$ 的特征值，$g(\boldsymbol{A})=\sum_{k=0}^{n}a_k\boldsymbol{A}^k$，那么

$$g(\lambda)=\sum_{k=0}^{n}a_k\lambda^k \tag{2.22}$$

- 链式法则：

$$\frac{\mathrm{d}}{\mathrm{d}t}\boldsymbol{x}[u(t)]=\frac{\mathrm{d}\boldsymbol{x}}{\mathrm{d}u}\frac{\mathrm{d}u}{\mathrm{d}t} \tag{2.23}$$

$$\frac{\mathrm{d}}{\mathrm{d}t}\boldsymbol{A}[u(t)]=\frac{\mathrm{d}\boldsymbol{A}}{\mathrm{d}u}\frac{\mathrm{d}u}{\mathrm{d}t} \tag{2.24}$$

- 多参数函数的链式法则：

$$\frac{\mathrm{d}}{\mathrm{d}t}\boldsymbol{x}[u(t),v(t)]=\frac{\mathrm{d}\boldsymbol{x}}{\mathrm{d}u}\frac{\mathrm{d}u}{\mathrm{d}t}+\frac{\mathrm{d}\boldsymbol{x}}{\mathrm{d}v}\frac{\mathrm{d}v}{\mathrm{d}t} \tag{2.25}$$

$$\frac{\mathrm{d}}{\mathrm{d}t}\boldsymbol{A}[u(t),v(t)]=\frac{\mathrm{d}\boldsymbol{A}}{\mathrm{d}u}\frac{\mathrm{d}u}{\mathrm{d}t}+\frac{\mathrm{d}\boldsymbol{A}}{\mathrm{d}v}\frac{\mathrm{d}v}{\mathrm{d}t} \tag{2.26}$$

$$\frac{\mathrm{d}}{\mathrm{d}t}x[\boldsymbol{A}(t)\boldsymbol{B}(t)]=\frac{\mathrm{d}\boldsymbol{A}}{\mathrm{d}t}\boldsymbol{B}(t)+\frac{\mathrm{d}\boldsymbol{B}}{\mathrm{d}t}\boldsymbol{A}(t) \tag{2.27}$$

- 方向导数：

$$\boldsymbol{r}=(\theta_1,\cdots,\theta_n),\quad \theta_i\in R \tag{2.28}$$

- 标量场（scalar field）：

$$\frac{\mathrm{d}}{\mathrm{d}s}\boldsymbol{\Phi}(\boldsymbol{r}+s\boldsymbol{a})=\mathrm{grad}\boldsymbol{\Phi}\cdot\boldsymbol{a},\quad \forall\boldsymbol{a}\in\boldsymbol{E}^n,\quad s\in R \tag{2.29}$$

- 向量场（vector field）：

$$\frac{\mathrm{d}}{\mathrm{d}s}\boldsymbol{x}(\boldsymbol{r}+s\boldsymbol{a})=\mathrm{grad}\boldsymbol{x}\cdot\boldsymbol{a}, \ \forall \boldsymbol{a}\in \boldsymbol{E}^{n}, \ s\in R \tag{2.30}$$

- 张量场（tensor field）：

$$\frac{\mathrm{d}}{\mathrm{d}s}\boldsymbol{A}(\boldsymbol{r}+s\boldsymbol{a})=\mathrm{grad}\boldsymbol{A}\cdot\boldsymbol{a}, \ \forall \boldsymbol{a}\in \boldsymbol{E}^{n}, \ s\in R \tag{2.31}$$

2.6 思 考 题

问题 1. 我们应该使用 PyChem 还是只使用 IDE?

问题 2. 如何利用 GitHub 网站的源代码和数据集?

问题 3. 深度学习和机器学习之间的关系是什么?什么是监督学习和无监督学习?

问题 4. 如何选择一种有效的算法来实现汽车检测、行人检测、垃圾检测?

问题 5. 什么是 Mask R-CNN[5]?

问题 6. 人工智能与深度学习之间的关系是什么?

问题 7. 在项目开发中如何处理论文与源代码之间的关系?

问题 8. 为什么数学在深度学习和人工智能中如此重要?

参 考 文 献

1. Vedaldi A, Lenc K (2015). MatConvNet: convolutional neural networks for matlab. In: ACM international conference on multimedia, pp 689–692.
2. Klette R (2014). Concise computer vision: an introduction into theory and algorithms. Springer, London, UK.
3. Liu X (2019). Vehicle-related scene understanding using deep learning. Master’s thesis, Auckland University of Technology, New Zealand.
4. Ren S, He K, Girshick R, Sun J (2015). Faster R-CNN: towards real-time object

detection with region proposal networks. In: Advances in neural information processing systems, pp 91–99.

5. He K, Gkioxari G, Dollar P, Girshick R (2017). Mask R-CNN. In: IEEE ICCV, pp 2980–9886.
6. Abadi M, Barham P, Chen J, Chen Z, Davis A, Dean J, Kudlur M (2016). TensorFlow: a system for large-scale machine learning. In: USENIX symposium on operating systems design and implementation (OSDI), USA, vol 16, pp 265–283.
7. Wang H (2018). Real-time face detection and recognition based on deep learning. Master's thesis, Auckland University of Technology, Auckland.
8. Zhang Q (2018). Currency recognition using deep learning. Master's thesis, Auckland University of Technology, Auckland, New Zealand.
9. Xin C (2018). Detection and recognition for multiple flames using deep learning. Master's thesis, Auckland University of Technology, Auckland, New Zealand.
10. Ma X (2020). Banknote serial number recognition using deep learning. Master's thesis, Auckland University of Technology, Auckland, New Zealand.
11. An N (2020). Anomalies detection and tracking using siamese neural networks. Master's thesis, Auckland University of Technology, Auckland, New Zealand.
12. Fu Y (2020). Fruit freshness grading using deep learning. Master's thesis, Auckland University, Auckland, New Zealand.

第 3 章　卷积神经网络和循环神经网络

3.1　卷积神经网络

自 2015 年以来，几乎所有研究人员的关注重点都转移到了深度学习，即深度神经网络，特别是 AlexNet[1]在 ImageNet 视觉目标检测和识别竞赛中获胜之后[2–4]。2015 年，世界顶级期刊 *Nature* 发表了一篇与深度学习相关的综述论文[5]。而在此之前，绝大多数研究者都使用支持向量机进行模式分类[6, 7]。

早在 1995 年，卷积神经网络就被用于数字图像处理[8]。卷积核通常是大小为 3×3、5×5、7×7、9×9 等尺寸的模板。卷积运算产生感受野（receptive field），组成卷积神经网络的特征图（feature map）[4, 9–11]，感受野对应原始图像的一个区域[12]。

在数学中，卷积是两个函数的数学运算，它产生第三个函数，表示一个函数的形状如何被另一个函数修改或滤波。若网络的第 k 层 $\boldsymbol{H}=(h_{i,j}^{(k)})_{m\times n}$，$k,a^{(k)},b^{(k)},c^{(k)},d^{(k)}\in R$，$g(\cdot)$ 是一个非线性函数，则卷积运算如下：

$$h_{i,j}^{(k+1)}=g(a^{(k)}h_{i,j}^{(k)}+b^{(k)}h_{i+1,j}^{(k)}+c^{(k)}h_{i,j+1}^{(k)}+d^{(k)}h_{i+1,j+1}^{(k)}) \tag{3.1}$$

池化包括平均池化（average pooling）和最大池化（max pooling），池化操作具有下采样功能。其中，平均池化[13]是计算特征图中每个区域的平

均值，其定义为

$$\overline{h}^{(k+1)}=\frac{1}{4}(a^{(k)}h_{i,j}^{(k)}+b^{(k)}h_{i+1,j}^{(k)}+c^{(k)}h_{i,j+1}^{(k)}+d^{(k)}h_{i+1,j+1}^{(k)}) \tag{3.2}$$

最大池化[14]是计算特征图中每个区域的最大值，其定义为

$$h_{\max}^{(k+1)}=\max(a^{(k)}h_{i,j}^{(k)},b^{(k)}h_{i+1,j}^{(k)},c^{(k)}h_{i,j+1}^{(k)},d^{(k)}h_{i+1,j+1}^{(k)}) \tag{3.3}$$

即通过对初始表征的非重叠子区域采用最大滤波器 $\max(\cdot)$来实现最大池化。在深度学习中，卷积运算“$\otimes$”表示为

$$s(t)=(x\otimes w)(t)=\sum_{a=-\infty}^{\infty}x(a)w(t-a) \tag{3.4}$$

其中，函数 $x(a)$是输入，$w(t)$是卷积核，输出 $s(t)$表示特征图。

对一幅图像 $I(i,j)$，i=1, 2,⋯, W；j=1, 2,⋯, H，其中 W 和 H 分别为图像的宽和高，那么卷积运算如下：

$$s(i,j)=(I\otimes K)(i,j)=\sum_{m}\sum_{n}I(m,n)K(i-m,j-n) \tag{3.5}$$

其中，$K(\cdot)$是核函数。典型的核函数是高斯核函数，维度为 $n\in Z^{+}$ 的高斯核定义是

$$G_n(\boldsymbol{X},\sigma)=\frac{1}{(\sigma\sqrt{2\pi})^n}\exp\left(-\frac{\|\boldsymbol{X}\|^2}{2\sigma^2}\right)$$

其中，$\boldsymbol{X}=(x_1,x_2,\cdots,x_n)$，$\sigma$是方差。例如 n=1，$G_1(x,\sigma)=\frac{1}{\sigma\sqrt{2\pi}}\exp\left(-\frac{x^2}{2\sigma^2}\right)$。

在卷积运算中，填充（padding）是对图像的边界区域进行填补，即用零填充边界区域，这将确保所有卷积运算都可以在图像的边缘区域进行[13]。同时，步幅（stride）指的是卷积运算的步长。

卷积运算是用来模拟人类视觉系统（Human Visual System，HVS）的。就像大多数哺乳动物（如猫或狗）那样，人类视觉系统可以采用著名的 Gabor 函数来模拟。在纹理分析中，Gabor 函数用来描述纹理的共生现象[15]：

$$G(x,y,\alpha,\beta_x,\beta_y,f,\phi,x_0,y_0,\tau)=\alpha\exp(-\beta_x x'^2-\beta_y y'^2)\cos(fx'+\phi) \tag{3.6}$$

其中，$\alpha,\beta_x,\beta_y,f,\phi,x_0,y_0,\tau$ 是参数，且有

$$x'=(x-x_0)\cos(\tau)+(y-y_0)\sin(\tau) \tag{3.7}$$

$$y'=-(x-x_0)\sin(\tau)+(y-y_0)\cos(\tau) \tag{3.8}$$

卷积神经网络还包括局部连接、权重共享、池化[13, 16]和多层神经网络[17, 18]，并且以精调和池化技术而闻名。

3.1.1　R-CNN

下面介绍基于区域的卷积神经网络，即 R-CNN。我们需要了解的概念包括在一幅图像中进行视觉目标检测的交并比（Intersection over Union，IoU），其计算公式为

$$\text{IoU}=\frac{\text{Area}(A\cap B)}{\text{Area}(A\cup B)} \tag{3.9}$$

在目标检测中，IoU 用于计算目标候选框（candidate bound）或者锚框（anchor box）与标记框（ground-truth bound）的交叠率，最理想情况是完全重叠，即 IoU 值为 1。这里锚框指的是具有多分辨率、多尺度和多种宽高比的框。

R-CNN[19, 20]从感兴趣区域中提取特征，快速找到候选目标框，用到的分类器仍然是支持向量机，并且通过边框回归来获得精确的目标区域。变形（warp）是指将每个目标候选区域各向异性地缩放到卷积神经网络的输入大小。由于 R-CNN 每个目标候选区域均需要执行卷积网络的前向过程，并不共享卷积运算[21]，所以处理速度很慢。R-CNN 的训练过程是一个多阶段的过程，也就是说，我们需要一步一步地工作，因此它既昂贵又耗时。

在 MATLAB 中，R-CNN 检测器首先生成候选区域。候选区域将从图像中被裁剪出来并调整大小，卷积神经网络对裁剪和调整大小的区域进行分类，最后依据卷积神经网络特征对候选区域的边界框进行细化。

Fast R-CNN[22, 23]利用多任务损失（multitask loss）实现单阶段的训练过程。对于边界框的训练采用回归方式[17, 24, 25]，训练结果可用来更新所有的网络层。池化层采用最大池化将大小不同的感兴趣区域的特征图转换成尺寸为 7×7 的较小特征图。

在 MATLAB 中，Fast R-CNN 处理整幅图像，并且将每个候选区域对应的卷积神经网络特征集合起来。一般来说，Fast R-CNN 比 R-CNN 效率更高，这也正是 Fast R-CNN 目标检测模型设计的根本目的。

Faster R-CNN[26, 27]通过共享卷积特征，将区域生成网络和 Fast R-CNN 合并为一个网络。其中，区域生成网络是一个能同时预测每个位置的目标边界和目标得分的全卷积网络（Full Convolutional Network，FCN）。

在 Faster R-CNN 中使用 softmax 函数检测目标，其定义为

$$f(\boldsymbol{x})=\frac{\exp(x_i)}{\sum_i \exp(x_i)},\quad x_i\in(-\infty,\infty) \tag{3.10}$$

在 MATLAB 中，Faster R-CNN 增加了一个区域生成网络来直接在网络中生成候选区域。区域生成网络使用锚框进行视觉目标检测，并且这种在网络中生成候选区域的方法速度更快。

3.1.2 Mask R-CNN

Mask R-CNN 是 Faster R-CNN 的直观扩展，正确构造掩模（mask）分支对产生良好的结果至关重要[29]。Mask R-CNN 在 Faster R-CNN 的基础上添加了用于预测分割掩模的分支，该分支与已有的分类和边框回归分支并行工作。其中，掩模分支是一个应用于每个感兴趣区域的小型全卷积网络，以一种像素到像素的方式预测分割掩模。由于采用了灵活的 R-CNN 框架，Mask R-CNN 易于实现和训练。

Mask R-CNN 是一种简单、灵活、通用的图像实例分割（instance segmentation）框架，被视为深度学习领域的又一力作，因此其提出者

Facebook 人工智能研究团队在意大利威尼斯举办的 2017 年第 16 届国际计算机视觉大会（ICCV）上获得了最佳论文奖（Marr 奖）。

3.1.3 YOLO

YOLO 是一个单阶段目标检测网络[30]，直接优化神经网络。给定一幅图像，YOLO 立即将其分割为 7×7 的子图，因此 YOLO 速度非常快。

YOLO 网络含有 24 个卷积层，后接 2 个全连接层，并且交替使用 1×1 的卷积以便减少特征空间。YOLO 利用 ImageNet 数据集对卷积层进行预训练分类，采用如下 ReLU 类型的激活函数$\phi(x)\in\mathbb{C}^0(-\infty,\infty)$：

$$\phi(x)=\begin{cases}x, & x>0\\ 0.1x, & x\leqslant 0\end{cases} \tag{3.11}$$

YOLOv2 使用 logistic 激活函数（又称 S 形函数）$\sigma(\cdot)$进行预测定位，即

$$f(x)=\sigma(x)=\frac{1}{1+\exp(-x)},\quad x\in\mathbb{C}^\infty(0,1) \tag{3.12}$$

该单调函数关于 x 的导数为

$$f'(x)=f(x)(1-f(x)),\quad x\in\mathbb{C}^\infty(0,1) \tag{3.13}$$

这样可将网络的预测值（预测框中心相对于网格单元的偏移量）范围限制在 0~1 内，可以保证预测框偏移量不会超出一个网格的范围，从而使模型更加稳定。

YOLOv2 先将网络的输入尺寸设置为 224×224，在 ImageNet 分类数据集上预训练模型，再将网络输入尺寸调整为 448×448，继续在检测数据集上精调模型。YOLOv2 的批归一化（Batch Normalization，BN）操作是基于所有卷积层进行的。Darknet-19 经常被当成 YOLO 的基础网络。DarkNet-19 有 19 层深度，可以基于 ImageNet 数据集中上百万幅图像进行训练，预训练网络可以将图像分为 1000 种对象类别。

YOLOv2 采用 k-均值聚类算法让边框自动选取更适合先验框的维度（长和宽），以便获得良好的 IoU 分数，从而得到更快更好的预测结果。在数学上，k-均值聚类以最小化簇内平方和（Within-Cluster Sum of Squares, WCSS）为目标，将 n 个观测值划分为 $k \leqslant n$ 的集合 $S=\{S_1, S_2, \cdots, S_k\}$，即

$$S_k = \arg\min_{S} \sum_{i=1}^{k} \sum_{\boldsymbol{x} \in S_i} \|\boldsymbol{x} - \boldsymbol{\mu}_i\|^2 \tag{3.14}$$

其中，$\boldsymbol{\mu}_i$ 是 S_i 的均值。

在 MATLAB 中，YOLOv2 目标检测器利用单阶段目标检测网络和锚框检测图像中的各类视觉目标。对每个锚框，YOLOv2 都提供了 IoU、锚框偏移量和类概率等信息。

YOLO 的另一个升级版 YOLO9000 使用单词树（WordTree）可以实时检测 9000 多种视觉对象类别[31]。其中，WordTree 利用一个树形层次结构将类和子类连接在一起。YOLO9000 提出了一种联合训练方法，将 MS COCO 数据集和 ImageNet 数据集结合起来进行训练，其中，MS COCO 数据集包括三部分，即训练集（120 000 幅图像）、验证集（5000 幅图像）及测试集（41 000 幅图像）。

YOLOv3 使用了基于 ImageNet 数据集训练得到的 Darknet-53 作为骨干网络。YOLOv3 分别在原图像下采样 32 倍、16 倍和 8 倍，在三个尺度上共利用了 9 类锚框进行预测。

YOLOv4 比其他基于 MS COCO 数据集的实时神经网络更快、更精确。由于采用了 Darknet 网络框架，YOLOv4 能够处理分辨率为 608 像素×608 像素、62 帧/秒的视频数据，并且平均精度（Average Precision, AP）达到 43.5%。YOLOv4 是一种非常适合实时目标检测的算法，一般情况下，其检测最低速度为 30 帧/秒甚至更高。为了检测多个不同尺寸的目标及其精确的位置，需要设置一个更大的感受野来保持视觉目标的更多细节。

3.1.4　SSD

SSD（Single Shot Multibox Detector）是一种单阶段的目标检测算法[32,33]。其中，单步（single shot）是指目标的定位和分类任务都在网络的一次前向传播过程中完成，而 multibox 则是指采用了边界框回归技术。实际上，SSD 不仅是一个视觉目标检测器，还对检测到的目标进行分类。

SSD 的体系结构基于久负盛名的 VGG-16 网络，但放弃了其中的全连接层，增加了一组辅助卷积层（auxiliary convolutional layers），并利用这些辅助卷积层在多个尺度上提取特征，从而逐步减小每个后续层的输入尺寸。SSD 利用了默认的长宽比，可用于对视觉目标进行实时跟踪[34,35]。

互联网上有一些 SSD 算法的实现示例，包括原始的 Caffe 代码，还可以从 GitHub 网站下载基于 TensorFlow 的 SSD 代码。

3.1.5　DenseNet 和 ResNet

DenseNet 可以缓解梯度消失问题，增强特征传播，鼓励特征重用，并大幅减少了参数的数量[36]。对网络中的每一层，所有前一层的特征图都被用作输入，同时其自身的特征图被用作所有后续层的输入。DenseNet 还在具有相同特征图尺寸的任意两层之间引入了直接连接（direct connections），因而可以自然地扩展到数百层，且不存在优化困难。因此，DenseNet 需要更少的参数和计算就能达到最先进的性能。由于 DenseNet 允许在整个网络中重用特征，因此能够学习更紧凑和更精确的模型。

在深度学习中存在网络的退化问题，即随着网络深度的增加，网络模型的精度趋于饱和。但是，由于 ResNet 具有构思巧妙的网络结构，因此容易通过网络深度的大幅增加来获得精度上的提升。

$$\boldsymbol{y}=F(\boldsymbol{x},\{\boldsymbol{W}_i\})+\boldsymbol{x} \tag{3.15}$$

其中，$\boldsymbol{x}$ 和 $\boldsymbol{y}$ 分别为各网络层的输入向量和输出向量；$F(\cdot)$是残差映射，例如，对于两层的残差模块，$F=\boldsymbol{W}_2\cdot\sigma(\boldsymbol{W}_1\cdot\boldsymbol{x})$，$\sigma$ 是 ReLU 函数。

3.2 循环神经网络和时间序列分析

循环神经网络是一种深度神经网络[43–46]，由于其具有独特的结构，在处理序列数据时具有很大的帮助和优势，因此在很多方面都得到了广泛的应用。

与其他多层神经网络相比，循环神经网络结构中的循环隐含层与下一步的隐含层相连接，因此会随着时间的推移产生影响。简单来说，循环神经网络除存在输入层到隐含层、隐含层到输出层的两个单向信息流外，隐含层的输入还包含先前隐含层的状态，并且隐含层的节点既可以是自连接的，也可以是互连接的。

长短期记忆网络[37]是一种循环神经网络，能够学习序列数据时间步长之间的长期依赖关系。长短期记忆网络的核心组件是序列输入层和长短期记忆层，其中序列输入层将具有一定顺序或时间序列的数据导入网络，长短期记忆层可以记住网络的状态。

在 MATLAB 中，长短期记忆网络支持不同序列长度的数据输入。当通过网络传递数据时，网络对序列进行填充、截断或拆分，从而使每个小批量中的所有序列都具有指定的长度。

如果 $\boldsymbol{x}$ 是输入层，$\boldsymbol{s}$ 是隐含层，$\boldsymbol{W}$ 和 $\boldsymbol{U}$ 是权重，那么在 t 时刻隐含层的状态可以通过计算得到

$$\boldsymbol{s}_t=f(\boldsymbol{U}\cdot\boldsymbol{x}_t+\boldsymbol{W}\cdot\boldsymbol{s}_{t-1}) \tag{3.16}$$

其中，$f(\cdot)$是激活函数。

如果存在一个输入序列 $\boldsymbol{x}_1,\boldsymbol{x}_2,\cdots,\boldsymbol{x}_T\in\mathbb{R}^n$，由网络计算的隐含状态序列为 $\boldsymbol{h}_1,\boldsymbol{h}_2,\cdots,\boldsymbol{h}_T\in\mathbb{R}^m$，预测输出的序列是 $\boldsymbol{y}_1,\boldsymbol{y}_2,\cdots,\boldsymbol{y}_T\in\mathbb{R}^k$，那么迭代计算可以采用如下方程：

$$\boldsymbol{m}_i = \boldsymbol{W}_h^x \cdot \boldsymbol{x}_i + \boldsymbol{W}_h^h \cdot \boldsymbol{x}_{i-1} + \boldsymbol{b}_h \tag{3.17}$$

$$\boldsymbol{h}_i = e(\boldsymbol{m}_i) \tag{3.18}$$

$$\boldsymbol{s}_i = \boldsymbol{W}_y^h \cdot \boldsymbol{h}_i + \boldsymbol{b}_y \tag{3.19}$$

$$\boldsymbol{y}_i = g(\boldsymbol{s}_i) \tag{3.20}$$

其中，$\boldsymbol{W}_h^x$，$\boldsymbol{W}_h^h$ 和 $\boldsymbol{W}_y^h$ 是权重矩阵；序列 $\boldsymbol{m}_i$ 表示隐含单元的输入，序列 $\boldsymbol{s}_i$ 表示输出单元的输入；$\boldsymbol{b}_h$ 和 $\boldsymbol{b}_y$ 分别是隐含层和输出层的偏置向量；$e(\cdot)$和 $g(\cdot)$是预定义的向量值函数。

3.2.1　循环神经网络

大多数情况下，展开一个神经网络时，通常可以用不动点定理来模拟该过程，采用损失函数来计算模型输出值与真实值之间的差异。损失函数是代价函数的一部分，代价函数是一种目标函数。在下文中，损失函数、代价函数和目标函数的概念略有不同。

损失函数 $L(\boldsymbol{y}_i, \hat{\boldsymbol{y}}_i)$ 是指数据集中单个样本的损失，其中 $\hat{\boldsymbol{y}}_i$ 是神经网络模型的输出值，$\boldsymbol{y}_i$ 是真实值。代价函数 $J(\cdot)$表示所有训练样本的代价，即 $J = \sum L(\boldsymbol{y}_i, \hat{\boldsymbol{y}}_i)$，$i = 1,2,\cdots,n$。例如，在梯度下降法中小批量使用训练集的所有样本。目标函数 $f(\cdot)$是带约束的优化求解模型。

在数学中，损失函数[47]的基本概念是距离。目前最流行的是欧几里得距离，但是基于对数函数的数学期望定义的熵 $H = -\sum_{i=1}^{n} P_i \log P_i = -\boldsymbol{E}(\log P_i)$，$P_i \in (0,1]$ 经常用于度量距离。此外，也经常采用 softmax 函数 $f(\boldsymbol{x}) = \dfrac{\exp(x_i)}{\sum_i \exp(x_i)}$ [28,48,49]。

典型的损失函数有 0-1 损失函数、平方损失函数(square loss function)、绝对损失函数（ absolute loss function ）、平均损失函数（ average loss function ）、Hinge 损失函数等。例如，0-1 损失函数为

$$L(Y,f(X))=\begin{cases}1, & Y\neq f(X)\\ 0, & Y=f(X)\end{cases} \tag{3.21}$$

绝对损失函数可以表示为

$$L(Y,f(X))=|Y-f(X)| \tag{3.22}$$

对数损失函数（logarithm loss function）为

$$L(Y,P(Y|X))=-\log P(Y|X) \tag{3.23}$$

其中，$P(Y|X)$是条件概率。

平方误差代价函数（squared error cost function）或二次代价函数（quadratic cost function）如下所示：

$$J=\|\boldsymbol{Y},f(\boldsymbol{X})\|^2=\sum_{i=1}^{n}(\boldsymbol{y}_i-f(\boldsymbol{x}_i))^2 \tag{3.24}$$

其中，$(\boldsymbol{x}_i,\boldsymbol{y}_i)$，$i=1,2,\cdots,n$ 是一组给定的样本点，$\boldsymbol{X}=\{\boldsymbol{x}_1,\boldsymbol{x}_2,\cdots,\boldsymbol{x}_n\}$，$\boldsymbol{Y}=\{\boldsymbol{y}_1,\boldsymbol{y}_2,\cdots,\boldsymbol{y}_n\}$，$\boldsymbol{y}_i$ 与 $f(\boldsymbol{x}_i)$不相同。

平方误差代价函数在线性代数中有着重要的地位。例如，对直线 $y=ax+b$，参数 a 和 b 未知，假设有 n 个 2D 采样点 $\boldsymbol{P}=(x_i,y_i)^{\mathrm{T}}$，$i=1,2,\cdots,n$，如果将 $\boldsymbol{\theta}=(a,b)^{\mathrm{T}}$ 作为参数，则该参数可以采用线性回归进行估计。因此，

$$J(a,b)=\sum_{i=1}^{n}(ax_i+b-y_i)^2 \tag{3.25}$$

将式（3.25）改写为二次多项式。二元二次多项式的一般形式为

$$J(a,b)=A\cdot a^2+B\cdot b^2+C\cdot ab+D\cdot a+E\cdot b+F \tag{3.26}$$

其中，A,B,C,D,E,F 是与(x_i,y_i)，$i=1,2,\cdots,n$ 相关的常数（$A\neq 0$）。二元多项式是研究二次曲线的基础，其特点是使表达式 $J(a,b)$等于零。因此，修改式（3.26）可得：

$$J(a,b)=a^2+\frac{B}{A}\cdot b^2+\frac{C}{A}\cdot ab+\frac{D}{A}\cdot a+\frac{E}{A}\cdot b+\frac{F}{A},\quad A\neq 0 \tag{3.27}$$

还可以将式（3.27）简化为矩阵形式：

$$J(a,b)=(a \quad b \quad 1)\boldsymbol{M}(a \quad b \quad 1)^{\mathrm{T}} \tag{3.28}$$

其中，$\boldsymbol{M}=(m_{i,j})_{3\times 3}$，$m_{i,j}$ 由常数 A,B,C,D,E,F 导出。矩阵可用来表示二次多项式，线性代数可用来表示平方损失函数。

平均代价函数（average cost function）为

$$\bar{J}=\frac{1}{n}\sum_{i=1}^{n}L(\boldsymbol{x}_i,\boldsymbol{y}_i) \tag{3.29}$$

其中，集合 $T=\{(\boldsymbol{x}_i,\boldsymbol{y}_i)\}$，$i=1,2,\cdots,n$ 是训练数据集。

在机器学习中，经常采用 Hinge 损失函数来训练分类器。对输出 $t=\pm 1$，分类器的得分为 x，则预测值的 Hinge 损失定义如下：

$$L(x)=\max(0,1-t\cdot x) \tag{3.30}$$

- 如果 t=−1 且 $x\geqslant 0$，则 $L(x)=1+x>0$；
- 如果 t=−1 且 $x<0$，则 $L(x)=\max(0,1-|x|)$；
- 如果 t=+1 且 $x\geqslant 0$，则 $L(x)=\max(0,1-x)$；
- 如果 t=+1 且 $x<0$，则 $L(x)=1+|x|>0$。

下面引入符号函数 sign(·)，其返回值是+1 或者−1，也就是若 $x>0$，则 $\mathrm{sign}(x)=+1$；若 $x<0$，则 $\mathrm{sign}(x)=-1$。由此不难得到：

- 当 $\mathrm{sign}(x)\cdot\mathrm{sign}(t)=-1$ 时，$L(x)=1+|x|>0$；
- 当 $\mathrm{sign}(x)\cdot\mathrm{sign}(t)=+1$ 时，$L(x)=\max(0,1-|x|)$。此时，若$|x|>1$，由于 $1-|x|<0$，那么 $L(x)=0$；若$|x|<1$，由于 $1-|x|>0$，那么 $L(x)=1-|x|>0$。
  这意味着，当 $0\leqslant x<1$ 时，$L(x)=1-x>0$；当$-1<x\leqslant 0$ 时，$L(x)=1+x>0$。

在损失函数 $y=f(x)$中，通常需要计算导数 $y'=\dfrac{\mathrm{d}f(x)}{\mathrm{d}x}$，如果 $x=s(t)$，则需要用到链式法则：

$$y'=\frac{\mathrm{d}f(x)}{\mathrm{d}x}=\frac{\mathrm{d}f(x)}{\mathrm{d}x}\cdot\frac{\mathrm{d}x(t)}{\mathrm{d}t} \tag{3.31}$$

在大多数情况下可以保证函数的连续性，但不能保证导数存在。

长短期记忆网络[46, 50–54]是一种典型的循环神经网络，已被用于避免梯度消失或梯度爆炸问题。

$$\boldsymbol{f}_t=\sigma_g(\boldsymbol{W}_f\cdot\boldsymbol{x}_t+\boldsymbol{U}_f\cdot\boldsymbol{h}_{t-1}+\boldsymbol{b}_f) \tag{3.32}$$

$$\boldsymbol{i}_t=\sigma_g(\boldsymbol{W}_i\cdot\boldsymbol{x}_t+\boldsymbol{U}_i\cdot\boldsymbol{h}_{t-1}+\boldsymbol{b}_i) \tag{3.33}$$

$$\boldsymbol{o}_t=\sigma_g(\boldsymbol{W}_o\cdot\boldsymbol{x}_t+\boldsymbol{U}_o\cdot\boldsymbol{h}_{t-1}+\boldsymbol{b}_o) \tag{3.34}$$

$$\boldsymbol{c}_t=\boldsymbol{f}_t\cdot\boldsymbol{c}_{t-1}+\boldsymbol{i}_t\circ\sigma_c(\boldsymbol{W}_c\cdot\boldsymbol{x}_t+\boldsymbol{U}_c\cdot\boldsymbol{h}_{t-1}+\boldsymbol{b}_c) \tag{3.35}$$

$$\boldsymbol{h}_t=\boldsymbol{o}_t\circ\sigma_h(\boldsymbol{c}_t) \tag{3.36}$$

其中，$\boldsymbol{x}_t$ 和 $\boldsymbol{h}_t$ 分别是输入向量和输出向量；$\boldsymbol{c}_0=\boldsymbol{0}$，$\boldsymbol{h}_0=\boldsymbol{0}$；$\boldsymbol{f}_t$，$\boldsymbol{i}_t$ 和 $\boldsymbol{o}_t$ 分别是遗忘门、输入门和输出门的激活向量；$\boldsymbol{W}$，$\boldsymbol{U}$ 是权重矩阵，$\boldsymbol{b}$ 为偏置向量；$\boldsymbol{c}_t$ 是单元的状态向量，$\sigma_g(\cdot)$，$\sigma_h(\cdot)$和 $\sigma_c(\cdot)$是激活函数；“$\circ$”是哈达玛积（Hadamard product），即

$$\boldsymbol{A}_{m\times n}\circ\boldsymbol{B}_{m\times n}=(a_{ij})_{m\times n}\cdot(b_{ij})_{m\times n}=(a_{ij}\cdot b_{ij})_{m\times n} \tag{3.37}$$

卷积长短期记忆网络（ConvLSTM）[54]是长短期记忆网络的一种变体，它利用了如下时空关系：

$$\boldsymbol{f}_t=\sigma_g(\boldsymbol{W}_f\otimes\boldsymbol{x}_t+\boldsymbol{U}_f\otimes\boldsymbol{h}_{t-1}+\boldsymbol{V}_f\circ\boldsymbol{c}_{t-1}+\boldsymbol{b}_f) \tag{3.38}$$

$$\boldsymbol{i}_t=\sigma_g(\boldsymbol{W}_i\otimes\boldsymbol{x}_t+\boldsymbol{U}_i\otimes\boldsymbol{h}_{t-1}+\boldsymbol{V}_i\circ\boldsymbol{c}_{t-1}+\boldsymbol{b}_i) \tag{3.39}$$

$$\boldsymbol{o}_t=\sigma_g(\boldsymbol{W}_o\otimes\boldsymbol{x}_t+\boldsymbol{U}_o\otimes\boldsymbol{h}_{t-1}+\boldsymbol{V}_o\circ\boldsymbol{c}_{t-1}+\boldsymbol{b}_o) \tag{3.40}$$

$$\boldsymbol{c}_t=\boldsymbol{f}_t\cdot\boldsymbol{c}_{t-1}+\boldsymbol{i}_t\circ\sigma_c(\boldsymbol{W}_c\otimes\boldsymbol{x}_t+\boldsymbol{U}_c\otimes\boldsymbol{h}_{t-1}+\boldsymbol{b}_c) \tag{3.41}$$

$$\boldsymbol{h}_t=\boldsymbol{o}_t\circ\sigma_h(\boldsymbol{c}_t) \tag{3.42}$$

此外，还有窥视孔长短期记忆网络（Peephole LSTM），增加了窥视孔连接，让遗忘门、输入门和输出门同时关注单元状态：

$$\boldsymbol{f}_t=\sigma_g(\boldsymbol{W}_f\cdot\boldsymbol{x}_t+\boldsymbol{U}_f\cdot\boldsymbol{c}_{t-1}+\boldsymbol{b}_f) \tag{3.43}$$

$$\boldsymbol{i}_t=\sigma_g(\boldsymbol{W}_i\cdot\boldsymbol{x}_t+\boldsymbol{U}_i\cdot\boldsymbol{c}_{t-1}+\boldsymbol{b}_i) \tag{3.44}$$

$$\boldsymbol{o}_t=\sigma_g(\boldsymbol{W}_o\cdot\boldsymbol{x}_t+\boldsymbol{U}_o\cdot\boldsymbol{c}_{t-1}+\boldsymbol{b}_o) \tag{3.45}$$

$$c_t = f_t \cdot c_{t-1} + i_t \circ \sigma_c(W_c \cdot x_t + U_c \cdot h_{t-1} + b_c) \quad (3.46)$$

$$h_t = o_t \circ \sigma_h(c_t) \quad (3.47)$$

同时，还有门控循环单元（Gated Recurrent Unit，GRU），步骤如下。

① 初始化：t=0，$\boldsymbol{h}_0$=0。

② 更新门：$z_t = \sigma_g(W_z \cdot x_t + U_z \cdot h_{t-1} + b_z)$。 (3.48)

③ 复位门：$r_t = \sigma_g(W_r \cdot x_r + U_r \cdot h_{t-1} + b_r)$。 (3.49)

④ 新记忆：$\tilde{h}_t = \sigma_h(W_h \cdot x_t + U_h(r_t \circ h_{t-1}) + b_h)$。 (3.50)

⑤ 隐状态：$h_t = (1 - z_t) \circ h_{t-1} + z_t \circ \tilde{h}_t$。 (3.51)

其中，$\sigma_g(\cdot)$和 $\sigma_h(\cdot)$分别是 sigmoid 和 tanh 激活函数。

为了简化问题，最小门控单元（Minimal Gated Unit，MGU）步骤如下。

① 初始化：t=0，$\boldsymbol{h}_0$=0，

② $f_t = \sigma_g(W_f \cdot x_t + U_f \cdot h_{t-1} + b_f)$。 (3.52)

③ $h_t = f_t \circ h_{t-1} + (1 - f_t) \circ \sigma_h(W_h \cdot x_t + U_h(f_t \circ h_{t-1}) + b_h)$。 (3.53)

3.2.2　时间序列分析

随着时间的推移，状态往往也会随之发生改变，时间序列分析[55]用于处理这类状态变化问题。例如，时间序列分析已应用于随时间变化的水质控制或空气质量评估。我们需要通过模式观测找出时间序列分析背后蕴含的模式。

观测是人工智能中除学习、表征、推断或推理外的又一个步骤。人工智能可以从过去已经发生过的事情中预测未来将要发生的事情，称为预报（forecasting）或预测[56, 57]。

时间序列分析有两个主要的目标：一是通过一系列的观测来辨识现象背后的本质规律；二是预报，即预测这些时间序列变量的未来值。

大多数时间序列模式都是采用一类基本的组件来描述的，即趋势分析

（平滑、函数拟合等）和季节性分析（自相关图、检验相关图、偏自相关、去除序列相关性等）。

在时间序列分析中使用了季节性（seasonality）的概念，这意味着模式遵循类似于年度当中的季节性变化的特征。我们可以利用时间序列中数据的变化来分析模式。

在时间序列分析中，对于数据序列$\{X_1, X_2,\cdots, X_t,\cdots\}$，有如下运算。

- 均值函数：

$$\mu_t = \boldsymbol{E}(X_t) \tag{3.54}$$

- 方差函数：

$$\sigma_t^2 = \mathrm{Var}(X_t) = \boldsymbol{E}[(X_t - \mu_t)^2] \tag{3.55}$$

- 自协方差（autocovariance）函数：

$$\gamma_{t,k} = \boldsymbol{E}[(X_t - \mu_s)(X_k - \mu_k)] \tag{3.56}$$

- 自协方差间隔：

$$\gamma_\tau = \boldsymbol{E}\{[X_t - \mu][X_{t+\tau} - \mu]\} \tag{3.57}$$

- 自相关函数：

$$\rho(\tau) = \frac{\gamma_\tau}{\gamma_0} \tag{3.58}$$

$$\rho(\tau) = \rho(-\tau),\ |\rho(\tau)| < 1 \tag{3.59}$$

- 随机游走（random walk）模型：

$$X_t = X_{t-1} + Z_t \tag{3.60}$$

- q 阶滑动平均 MA(q)过程：

$$X_t = \beta_0 Z_t + \beta_1 Z_{t-1} + \cdots + \beta_q Z_{t-q} \tag{3.61}$$

● p 阶自回归 AR(p)过程：

$$X_t = \alpha_1 X_{t-1} + \cdots + \alpha_p X_{t-p} + Z_t \tag{3.62}$$

● 混合自回归滑动平均模型(p, q)：

$$X_t = \alpha_1 X_{t-1} + \cdots + \alpha_p X_{t-p} + Z_t + \beta_0 Z_t + \cdots + \beta_q Z_{t-q} \tag{3.63}$$

● 指数平滑模型：

$$S(X_t) = \sum_{j=0}^{\infty} a_j X_{t-j} \tag{3.64}$$

$$a_j = \alpha(1-\alpha)^j \tag{3.65}$$

● 残差：

$$R(X_t) = X_t - S(X_t) \tag{3.66}$$

● 卷积：

$$\{c_k\} = \{a_r\} \otimes \{b_j\} \Leftrightarrow c_k = \sum_r a_r b_{k-r} \tag{3.67}$$

$$Z_t = \sum_k c_k X_{t+k} = \sum_j b_j Y_{t+j} \tag{3.68}$$

● 加法型季节性模型：

$$X_t = m_t + S_t + \varepsilon_t \tag{3.69}$$

● 乘积型季节性模型：

$$X_t = m_t S_t + \varepsilon_t \tag{3.70}$$

在时间序列分析中，通常需要对采集的数据进行去噪处理。卷积运算能够减少噪声，使信号变得平滑，所以时间序列分析需要一个用于卷积运算的核函数[58]。

在时间序列分析中，通常需要进行频谱分析。由于正弦函数和余弦函数构成一个正交函数系，傅里叶级数[58]已应用于基于三角函数的信号分解和多分辨率分析：

$$f(t) \approx \frac{a_0}{2} + \sum_{r=1}^{k}(a_r \cos rt + b_r \sin rt) \tag{3.71}$$

其中，

$$a_0 = \frac{1}{\pi}\int_{-\pi}^{\pi} f(t)\mathrm{d}t \tag{3.72}$$

$$a_r = \frac{1}{\pi}\int_{-\pi}^{\pi} f(t)\cos rt\mathrm{d}t \tag{3.73}$$

$$b_r = \frac{1}{\pi}\int_{-\pi}^{\pi} f(t)\sin rt\mathrm{d}t \tag{3.74}$$

卡尔曼滤波（Kalman filter）是一种用于目标跟踪或信号滤波的线性模型。卡尔曼滤波含有一个更新函数和一个预测函数。为了进行预测和校正，采用动态更新的方法来更新参数。

- 预测方程：

$$\boldsymbol{x}_{t|t-1} = \boldsymbol{A}_t\boldsymbol{x}_{t-1} \tag{3.75}$$

$$\boldsymbol{P}_{t|t-1} = \boldsymbol{A}_t\boldsymbol{P}_{t-1}\boldsymbol{A}_t^{\mathrm{T}} + \boldsymbol{Q}_t \tag{3.76}$$

- 更新方程：

$$\boldsymbol{x}_t = \boldsymbol{x}_{t|t-1} + \boldsymbol{K}_t(\boldsymbol{z}_t - \boldsymbol{H}\boldsymbol{x}_{t|t-1}) \tag{3.77}$$

$$\boldsymbol{K}_t = \frac{\boldsymbol{P}_{t|t-1}\boldsymbol{H}_t^{\mathrm{T}}}{\boldsymbol{H}_t\boldsymbol{P}_{t|t-1}\boldsymbol{H}_t^{\mathrm{T}} + \sigma} \tag{3.78}$$

$$\boldsymbol{P}_t = \boldsymbol{P}_{t|t-1} - \boldsymbol{K}_t\boldsymbol{H}_t\boldsymbol{P}_{t|t-1} \tag{3.79}$$

其中，$\boldsymbol{x}_{t|t-1} \in \mathbb{R}^N$ 表示 t 时刻的先验状态估计值，$\boldsymbol{x}_t$，$\boldsymbol{x}_{t-1}$ 分别为 t 和 $t-1$ 时刻的后验状态估计值，$\boldsymbol{A}$ 是 $N \times N$ 阶的状态转移矩阵，$\boldsymbol{P}_{t|t-1}$ 表示 t 时刻的先验估计协方差矩阵，$\boldsymbol{P}_t$，$\boldsymbol{P}_{t-1}$ 分别表示 t 和 $t-1$ 时刻的后验估计协方差矩阵，

$\boldsymbol{Q}_t$ 表示过程激励噪声的协方差矩阵，$\boldsymbol{K}$ 是卡尔曼增益，$\boldsymbol{z}_t \in \mathbb{R}^M$ 表示 t 时刻的测量值，$\boldsymbol{H}$ 是 $M \times N$ 阶的量测矩阵，σ 是一个与仪器特性相关的参数。

对时间序列分析中的非线性系统，有

- 非线性自回归模型（Nonlinear Autoregressive，NLAR）：

$$X_t = f(X_{t-1}, X_{t-2}, \cdots, X_{t-p}) + Z_t \tag{3.80}$$

- 阈值自回归模型：

$$X_t = \begin{cases} \alpha_1 X_{t-1} + Z_t, & X_{t-1} < r \\ \alpha_2 X_{t-1} + Z_t, & X_{t-1} \geqslant r \end{cases} \tag{3.81}$$

- 人工神经网络：

$$y = \phi_0 \left[\sum_j w'_j \phi_h(v_j) + w'_0 \right] \tag{3.82}$$

其中，y 是输出，$v_j = \sum_i w_{ij} x_i$，ϕ_h 是激活函数。

长短期记忆网络已经被时间序列分析用于预报，特别是 MATLAB 还提供了一个预报或预测的程序；与此同时，长短期记忆网络可以为预测提供均方根误差（Root Mean Square Error，RMSE）。当用观测值代替预测值来更新网络状态时，预测结果非常准确。

为了预测一个序列的未来时间步长的值，我们可以训练一个回归长短期记忆网络，其中的响应是值移动一个时间步长的训练序列。也就是说，在输入序列的每个时间步长，长短期记忆网络都要学习预测下一个时间步长的值。

如果我们获得了预测之间时间步长的实际值，就可以用观测值来更新网络的状态。对每一次预测，我们使用前一个时间步长的观测值来预测下一个时间步长，并计算均方根误差。异常检测是时间序列分析的一个典型应用[59]。

3.3 隐马尔可夫模型

我们通常利用有限状态机（Finite State Machine，FSM）和隐马尔可夫模型（Hidden Markov Model，HMM）[38–41]来检测事件。隐马尔可夫模型经常被用来预测将要发生的事情，一个典型的例子就是基于概率来预测一个人在某一天是健康还是发烧，这将有助于医院根据天气变化准备季节性的药品。隐马尔可夫模型的形式定义如下。

① 状态集合：$S=\{S_1,S_2,\cdots,S_N\}$，其中 N 为状态数量。

② 可能的观测集合：$V=\{v_1,v_2,\cdots,v_M\}$，其中 M 为可能的观测数量。

③ 输出序列：$O=\{O_1,O_2,\cdots,O_T\}$。

④ 潜变量：$Q=\{q_1,q_2,\cdots,q_T\}$。

⑤ 状态转移矩阵：模型在各个状态间转换的概率，通常记为

$$\boldsymbol{A}=(a_{ij})_{N\times N}$$

其中，a_{ij} 表示状态 S_i 转变为状态 S_j 的概率

$$a_{ij}=P(q_{t+1}=S_j \mid q_t=S_i)\in[0,1]\,,\ \sum_{j=1}^{N}a_{ij}=1$$

⑥ 观测概率矩阵：$\boldsymbol{B}=(b_j(k))_{N\times M},\ b_j(k)=P(O_t=v_k \mid q_t=S_j)$，表示状态 S_j 产生 v_k 观测的概率。

⑦ 初始状态概率：模型在初始时刻各状态出现的概率，通常记为 $\mathit{\Pi}=(\pi_1,\pi_2,\cdots,\pi_N)$，其中，$\pi_i=P(q_1=S_i),\ \sum_{i=1}^{N}\pi_i=1$。

根据上述定义可知，在给定状态集合 S 和可能的观测集合 V 后，一个隐马尔可夫模型可以由状态转移矩阵 $\boldsymbol{A}$、观测概率矩阵 $\boldsymbol{B}$ 及初始状态概率 $\mathit{\Pi}$ 确定，因此一个隐马尔可夫模型可以表示为 $\lambda=(\boldsymbol{A},\boldsymbol{B},\mathit{\Pi})$。

隐马尔可夫模型有两个非常重要的算法：Viterbi 算法和 Baum-Welch（BW）算法。Viterbi 算法可用于快速找到最佳路径，这一点已经被应用到信息论的编码中。

给定 $Q=\{q_1,q_2,\cdots,q_T\}$ 和 $O=\{O_1,O_2,\cdots,O_T\}$，则有

$$\delta_t(i)=\max P(q_1q_2\cdots q_{t-1},q_t=S_i,O_1\cdots O_t\mid\lambda) \tag{3.83}$$

Verterbi 算法的计算过程如下。

① 初始化：$\delta_1(i)=\pi_i b_i(O_1)$，$\psi_1(i)=0$。

② 递推：$\delta_t(j)=\max\limits_i(\delta_{t-1}(i)a_{ij})b_j(O_t)$，$\psi_t(j)=\arg\max\limits_i(\delta_{t-1}(i)a_{ij})$。

③ 终止：$p^*=\max\limits_i\delta_T(i)$，$q_{t+1}^*=\arg\max\limits_i\delta_T(i)$。

④ 最优路径回溯：$q_t^*=\psi_{t+1}(q_{t+1}^*)$，$t=T-1,T-2,\cdots,1$。

Baum-Welch 算法采用了期望最大化算法（Expectation-Maximum, EM）来预测参数的最大概率。给定一个隐马尔可夫模型 $\lambda=(\boldsymbol{A},\boldsymbol{B},\boldsymbol{\Pi})$，利用 Baum-Welch 算法寻找 $\lambda^*=\arg\max\limits_\lambda P(\chi\mid\lambda)$ 的步骤如下。

E 步：

$$\gamma_t(i)=\sum_{j=1}^{N}\xi_t(i,j),\ \xi_t(i,j)\equiv P(q_t=S_i,q_{t+1}=S_j\mid O,\lambda) \tag{3.84}$$

M 步：

$$P(\chi\mid\lambda)=\prod_{k=1}^{K}P(O_k\mid\lambda) \tag{3.85}$$

$$\begin{cases}\hat{a}_{ij}=\dfrac{\sum\limits_{t=1}^{T-1}\xi_t(i,j)}{\sum\limits_{t=1}^{T-1}\gamma_t(i,j)}\\[2ex]\hat{b}_j(m)=\dfrac{\sum\limits_{t=1}^{T}\gamma_t(j)\boldsymbol{1}(O_t=v_m)}{\sum\limits_{t=1}^{T}\gamma_t(j)}\end{cases} \tag{3.86}$$

隐马尔可夫模型在每个步骤中都使用转移概率来预测将要发生的事件。相比之下，有限状态机没有概率预测机制，主要用于捕捉状态转换期间的事件。

隐马尔可夫模型不是一个神经网络，因为它没有神经元和激活函数。而循环神经网络是一个处理序列数据的人工神经网络家族[42–44]，它是一个受外部 $x^{(t)}$驱动的动态系统：

$$h^{(t)} = f(h^{(t-1)}, x^{(t)}; \theta) = g^{(t)}(x^{(t)}, x^{(t-1)}, \cdots, x^{(1)}) \tag{3.87}$$

其中，$t = 1, 2, \cdots, \tau$，h 是状态。由此可以看出，在每一步展开时都可以使用相同的转移函数和相同的参数。

3.4 函数空间

在深度学习中需要计算损失函数，实际上损失函数是一种距离度量方式。下面介绍如何在函数空间中度量距离。

度量空间（metric spaces）[60]又称距离空间，是一个非常基础的空间，其中存在收敛性和连续性的概念。距离或度量是衡量两个元素之间的接近程度的一个概念[57]。

设 X 是一个非空集合，若存在映射量 $d: X^2 \to Y \subset \mathbb{R}^+$，$(x, y) \mapsto d(x, y) = \|x - y\|$，使得 $\forall x, y, z \in X$ 均满足以下条件：

① 三角不等式：$d(x, y) \leqslant d(x, z) + d(z, y)$；

② 对称性：$d(x, y) = d(y, x)$；

③ 非负性：$d(x,y) \geqslant 0$；

④ 非退化性：$d(x, y) = 0 \Leftrightarrow x = y$。

则称 d 为 X 上的一个度量函数（或距离函数）；(X, d) 为度量空间（或距离空间），记为 X。

以上四条常被称为距离（或度量）公理，并且容易推得：

$$d(x, y) \geqslant \left| d(x, z) - d(z, y) \right|$$

$$x_1, x_2, \cdots, x_n \in X，\quad d(x_1, x_n) \leqslant \sum_{i=1}^{n-1} d(x_i, x_{i+1})$$

如果度量空间 X 中的序列(x_n)收敛于极限 x，则记为 $\lim_{n\to\infty} x_n = x$。换句话说，对序列$(x_n)$，若满足条件：$\forall \varepsilon > 0$，$\exists N, n \gg N \Rightarrow x_n \in B_\varepsilon(x)$，则序列$(x_n)$收敛，且其极限为 x。

当函数 $f: X \to Y$ 保持收敛时，该函数在度量空间之间是连续的，即 $x_n \to x \in X \Rightarrow f(x_n) \to f(x) \in Y$。如果函数 f 是连续的，那么它也是可逆的，且它的逆函数 $f^{-1}(x)$ 也是连续的。

设 X 是度量空间，序列 $(x_n) \subset X$，若对 $\forall \varepsilon > 0$，存在一个正整数 N，使得当 $n, m \geqslant N$ 时，有 $d(x_n, x_m) < \varepsilon$（$n, m \to \infty, d(x_n, x_m) \to 0$），则称$(x_n)$是 X 的柯西（Cauchy）序列。

一个序列 $x_1, x_2, \cdots, x_n, \cdots$ 是柯西序列，当且仅当其中每个子序列都逼近该序列。一致连续（uniformly continuous）函数将任意柯西序列仍然映射为柯西序列。一个定义域为 $D \subset R$ 的实函数 $f(x)$是一致连续的，是指 $\forall \varepsilon > 0, \exists \delta > 0, \forall x, x_0 \in D, |x - x_0| < \delta : |f(x) - f(x_0)| < \varepsilon$。

李普希茨映射（Lipschitz mapping）是两个度量空间之间的一种映射。设 (X, d_X) 和 (Y, d_Y) 是两个度量空间，$f: X \to Y$ 是由 X 到 Y 的映射，如果存在 $c>0$，$\forall x, x' \in X$，使得 $d_Y(f(x), f(x')) \leqslant c \cdot d_X(x, x')$，则称 f 是李普希茨映射。

如果度量空间 X 中的每个柯西序列都收敛于 X 中的点，则称 X 是完备的（complete），例如，实空间就是完备的。

设 X 是度量空间，如果存在一个可数稠密子集，即 $\exists A \subseteq X$，A 是 X 的可数子集，并且 $\overline{A} = X$，则称 X 是可分的（separable）度量空间。

如果集合 B 中任意两点之间的距离具有一个上界，即 $\exists r > 0$，$\forall x, y \in B$，$d(x, y) \leqslant r$。最小的上界称为该集合的直径，即 $\operatorname{diam} B := \sup_{x, y \in B} d(x, y)$，则称集合 B 有界（bounded），

设 X 为拓扑空间，$K \subset X$，如果在任意一个覆盖 K 的开集族中总可以取到有限个开集覆盖 K，即 $K \subseteq \bigcup_i B_{\varepsilon i}(a_i) \Rightarrow K \subseteq \bigcup_{n=1}^{N} B_{\varepsilon i_n}(a_{i_n})$，则称集合 K 是 X 中的紧致（compact）集。

3.5 向量空间

距离是一个标量值。给定两个 n 维向量 $\boldsymbol{x}=(x_1, x_2,\cdots, x_n)^{\mathrm{T}}$ 和 $\boldsymbol{y}=(y_1, y_2,\cdots, y_n)^{\mathrm{T}}$，欧几里得距离为

$$d=\sqrt{\sum_{i=1}^{n}(x_i-y_i)^2} \tag{3.88}$$

曼哈顿距离（Manhattan distance）为

$$d=\sum_{i=1}^{n}|x_i-y_i| \tag{3.89}$$

切比雪夫距离（Chebyshev distance）定义为

$$d=\max_{i=1}^{n}(|x_i-y_i|) \tag{3.90}$$

闵可夫斯基距离（Minkowski distance）是欧几里得距离和曼哈顿距离的推广，即

$$d=\lim_{n\to+\infty}\left(\sum_{i=1}^{n}(x_i-y_i)^p)^{\frac{1}{p}}\right)=\max_{i=1}^{n}(|x_i-y_i|) \tag{3.91}$$

和

$$d=\lim_{n\to-\infty}\left(\sum_{i=1}^{n}(x_i-y_i)^p)^{\frac{1}{p}}\right)=\max_{i=1}^{n}(|x_i-y_i|) \tag{3.92}$$

给定集合 $\boldsymbol{A}$ 和 $\boldsymbol{B}$，Jaccard 相似系数也被称为交并比，其定义为

$$J(\boldsymbol{A},\boldsymbol{B})=\frac{|\boldsymbol{A}\cap\boldsymbol{B}|}{|\boldsymbol{A}\cup\boldsymbol{B}|} \tag{3.93}$$

Jaccard 距离用于度量样本集之间的差异性，其定义为

$$J_d(\boldsymbol{A},\boldsymbol{B}) = 1 - J(\boldsymbol{A},\boldsymbol{B}) = 1 - \frac{|\boldsymbol{A} \cap \boldsymbol{B}|}{|\boldsymbol{A} \cup \boldsymbol{B}|} \tag{3.94}$$

马氏距离（Mahalanobis distance）利用协方差矩阵 $\boldsymbol{\Sigma}$ 来度量两个具有相同分布的 n 维向量 $\boldsymbol{x}=(x_1, x_2,\cdots, x_n)^{\mathrm{T}}$ 和 $\boldsymbol{y}=(y_1, y_2,\cdots, y_n)^{\mathrm{T}}$ 之间的相异度，其定义为

$$d(\boldsymbol{x},\boldsymbol{y}) = \sqrt{(\boldsymbol{x}-\boldsymbol{y})^{\mathrm{T}} \boldsymbol{\Sigma}^{-1} (\boldsymbol{x}-\boldsymbol{y})} = \frac{1}{\sigma_i}\sqrt{\sum_{i=1}^{n}(x_i - y_i)^2} \tag{3.95}$$

其中，σ_i 是样本集上 x_i 和 y_i 的标准偏差。

在统计学中，皮尔逊相关系数（Pearson correlation coefficient）用于度量两个 n 维变量 $\boldsymbol{x}=(x_1, x_2,\cdots, x_n)^{\mathrm{T}}$ 和 $\boldsymbol{y}=(y_1, y_2,\cdots, y_n)^{\mathrm{T}}$ 之间的线性相关性，其定义为

$$d(\boldsymbol{x},\boldsymbol{y}) = \frac{\mathrm{Cov}(\boldsymbol{x},\boldsymbol{y})}{\sigma_{\boldsymbol{x}}\sigma_{\boldsymbol{y}}} = \frac{\boldsymbol{E}\left[(\boldsymbol{x}-\overline{\boldsymbol{x}})^{\mathrm{T}}(\boldsymbol{y}-\overline{\boldsymbol{y}})\right]}{\sigma_{\boldsymbol{x}}\sigma_{\boldsymbol{y}}} = \frac{\sum_{i=1}^{n}(x_i-\overline{x})(y_i-\overline{y})}{\sqrt{\sum_{i=1}^{n}(x_i-\overline{x})^2}\sqrt{\sum_{i=1}^{n}(y_i-\overline{y})^2}} \tag{3.96}$$

其中，$\overline{x} = \frac{1}{n}\sum_{i=1}^{n} x_i$，$\overline{y} = \frac{1}{n}\sum_{i=1}^{n} y_i$ 是均值，$\mathrm{Cov}(\boldsymbol{x}, \boldsymbol{y})$是协方差，$\sigma_{\boldsymbol{x}}$ 和 $\sigma_{\boldsymbol{y}}$ 分别是 $\boldsymbol{x}$ 和 $\boldsymbol{y}$ 的标准差，$\boldsymbol{E}$ 是期望。

数域 K（实数域或复数域）上的向量空间 $\boldsymbol{V}$[60]是一个非空集合，该集合带有加法运算和标量乘法，并满足以下性质。

- 加法运算满足结合性、交换性、加法单位元和加法逆元，对任意 $\boldsymbol{x},\boldsymbol{y},\boldsymbol{z} \in \boldsymbol{V}$，有

$$\begin{cases} \boldsymbol{x} + (\boldsymbol{y} + \boldsymbol{z}) = (\boldsymbol{x} + \boldsymbol{y}) + \boldsymbol{z} \\ \boldsymbol{x} + \boldsymbol{y} = \boldsymbol{y} + \boldsymbol{x} \\ \boldsymbol{0} + \boldsymbol{x} = \boldsymbol{x} \\ \boldsymbol{x} + (-\boldsymbol{x}) = \boldsymbol{0} \end{cases}$$

● 标量乘法运算满足相应的分配性、结合性、乘法单位元，对任意 $\boldsymbol{x},\boldsymbol{y}\in\boldsymbol{V}$，$\lambda,\mu\in K$，有

$$\begin{cases}\lambda(\boldsymbol{x}+\boldsymbol{y})=\lambda\boldsymbol{x}+\lambda\boldsymbol{y}\\(\lambda+\mu)\boldsymbol{x}=\lambda\boldsymbol{x}+\mu\boldsymbol{x}\\(\lambda\mu)\boldsymbol{x}=\lambda(\boldsymbol{x}\mu)\\\mathbf{1}\boldsymbol{x}=\boldsymbol{x}\end{cases}$$

每个向量都有一个基，对于 n 维向量 $\boldsymbol{x}=(x_1, x_2,\cdots, x_n)^{\mathrm{T}}$，有相应的 p-范数 $\|\boldsymbol{x}\|_p=\left(\sum_{i=1}^{n}x_i^p\right)^{\frac{1}{p}}$，$p=0,1,2,\cdots,\infty$。如果 $p=1$，则为 1-范数 $\|\boldsymbol{x}\|_1=\left(\sum_{i=1}^{n}|x_i|\right)$；如果 $p=0$，则为零范数 $\|\cdot\|_0=\min_i(|x_i|)$；如果 $p=\infty$，它是无穷范数或最大范数 $\|\cdot\|_\infty=\max_i(|x_i|)$。

3.5.1 赋范空间

一个实数域向量空间 $\boldsymbol{X}$ 上的范数是函数：$\boldsymbol{X}\to\mathbb{R}$，$\boldsymbol{u}\mapsto\|\boldsymbol{u}\|$，满足以下条件：

① 非负性：$\forall\boldsymbol{u}\in\boldsymbol{X}$，有 $\|\boldsymbol{u}\|\geqslant 0$；

② 齐次性：$\forall\boldsymbol{u}\in\boldsymbol{X}$，$\alpha\in R$，有 $\|\alpha\boldsymbol{u}\|=|\alpha|\cdot\|\boldsymbol{u}\|$；

③ 三角不等式：$\forall\boldsymbol{u},\boldsymbol{v}\in\boldsymbol{X}$，有 $\|\boldsymbol{u}+\boldsymbol{v}\|\leqslant\|\boldsymbol{u}\|+\|\boldsymbol{v}\|$。

假设 $\boldsymbol{X}$ 是实数域或复数域 K 上的具有范数运算 $\|\cdot\|:\boldsymbol{X}\mapsto R$ 的向量空间，对任意 $\boldsymbol{x},\boldsymbol{y}\in\boldsymbol{X}$，$\lambda\in K$，满足 $\|\boldsymbol{x}+\boldsymbol{y}\|\leqslant\|\boldsymbol{x}\|+\|\boldsymbol{y}\|$，$\|\lambda\boldsymbol{x}\|=|\lambda|\cdot\|\boldsymbol{x}\|$ 和 $\|\boldsymbol{x}\|=0\Leftrightarrow\boldsymbol{x}=\mathbf{0}$，则称 $(\boldsymbol{X},\|\cdot\|)$ 为赋范空间。赋范空间具有如下性质：

$$\|\boldsymbol{x}-\boldsymbol{y}\|\geqslant\|\boldsymbol{x}\|-\|\boldsymbol{y}\| \tag{3.97}$$

和

$$\|\boldsymbol{x}_1+\boldsymbol{x}_2+\cdots+\boldsymbol{x}_n\|\leqslant\|\boldsymbol{x}_1\|+\|\boldsymbol{x}_2\|+\cdots+\|\boldsymbol{x}_n\| \tag{3.98}$$

给定

$$\|(\boldsymbol{a}_n)\|_2 = \sqrt{\sum_{n=0}^{\infty}\|\boldsymbol{a}_n\|^2} \tag{3.99}$$

和

$$\|(\boldsymbol{b}_n)\|_2 = \sqrt{\sum_{n=0}^{\infty}\|\boldsymbol{b}_n\|^2} \tag{3.100}$$

柯西不等式（Cauchy's inequality）为

$$\left|\sum_{n=0}^{\infty}\boldsymbol{a}_n^{\mathrm{T}}\boldsymbol{b}_n\right| \leqslant \|(\boldsymbol{a}_n)\|_2\,\|(\boldsymbol{b}_n)\|_2 \tag{3.101}$$

且

$$\sqrt{\sum_{n=0}^{\infty}\|\boldsymbol{a}_n+\boldsymbol{b}_n\|^2} \leqslant \|(\boldsymbol{a}_n)\|_2 + \|(\boldsymbol{b}_n)\|_2 \tag{3.102}$$

- 向量加法、标量乘法和范数是连续的。
- 若序列$(\boldsymbol{x}_n)$和$(\boldsymbol{y}_n)$是收敛的，那么$(\boldsymbol{x}_n+\boldsymbol{y}_n)$、$(\lambda\boldsymbol{x}_n)$和$\left(\|(\boldsymbol{x}_n)\|\right)$也是收敛的，即

$$\lim_{n\to\infty}(\boldsymbol{x}_n+\boldsymbol{y}_n) = \lim_{n\to\infty}\boldsymbol{x}_n + \lim_{n\to\infty}\boldsymbol{y}_n \tag{3.103}$$

$$\lim_{n\to\infty}(\lambda\boldsymbol{x}_n) = \lambda\lim_{n\to\infty}\boldsymbol{x}_n \tag{3.104}$$

$$\lim_{n\to\infty}\|\boldsymbol{x}_n\| = \left\|\lim_{n\to\infty}\boldsymbol{x}_n\right\| \tag{3.105}$$

3.5.2　希尔伯特空间

希尔伯特空间（Hilbert spaces）是巴拿赫空间（Banach spaces）的特例，其范数由内积（又称标量积或数量积、点积）导出[60]。实向量空间 $\boldsymbol{X}$ 上的内积是一个函数：$(u,v)\in\boldsymbol{X}\times\boldsymbol{X}\to\mathbb{R}$，$(u,v)\mapsto(u\,|\,v)$，满足：

① $\forall\boldsymbol{u}\in\boldsymbol{X},(\boldsymbol{u}\,|\,\boldsymbol{u})\geqslant 0$；

② $\forall \boldsymbol{u},\boldsymbol{v},\boldsymbol{w}\in \boldsymbol{X}$，$\alpha,\beta\in\mathbb{R},(\alpha\boldsymbol{u}+\beta\boldsymbol{v}\mid\boldsymbol{w})=\alpha(\boldsymbol{u}\mid\boldsymbol{w})+\beta(\boldsymbol{v}\mid\boldsymbol{w}),\|\boldsymbol{u}\|=\sqrt{(\boldsymbol{u}\mid\boldsymbol{u})}$。

希尔伯特空间是完备的内积空间，向量空间的内积是正定双线性形式：$\langle\bullet,\bullet\rangle:\boldsymbol{X}\times\boldsymbol{X}:\mapsto F$，对 $\boldsymbol{x},\boldsymbol{y},\boldsymbol{z}\in\boldsymbol{X}$，$\lambda\in K$，有：

① $\langle\boldsymbol{x},\boldsymbol{y}+\boldsymbol{z}\rangle=\langle\boldsymbol{x},\boldsymbol{y}\rangle+\langle\boldsymbol{x},\boldsymbol{z}\rangle$，$\langle\boldsymbol{x},\lambda\boldsymbol{y}\rangle=\lambda\langle\boldsymbol{x},\boldsymbol{y}\rangle$，$\langle\boldsymbol{x},\boldsymbol{y}\rangle=\overline{\langle\boldsymbol{y},\boldsymbol{x}\rangle}$，$\langle\boldsymbol{x},\boldsymbol{x}\rangle\geqslant 0$，$\langle\boldsymbol{x},\boldsymbol{x}\rangle=0\Rightarrow\boldsymbol{x}=\boldsymbol{0}$；

② 柯西–施瓦兹不等式（Cauchy–Schwarz inequality）：

$$|\langle\boldsymbol{x},\boldsymbol{y}\rangle|\leqslant\|\boldsymbol{x}\|\|\boldsymbol{y}\| \tag{3.106}$$

③ 内积是连续函数：

$$\lim_{n\to\infty}\langle\boldsymbol{x}_n,\boldsymbol{y}_n\rangle=\left\langle\lim_{n\to\infty}\boldsymbol{x}_n,\lim_{n\to\infty}\boldsymbol{y}_n\right\rangle \tag{3.107}$$

④ 一个范数可以由内积导出，当且仅当对所有向量 $\boldsymbol{x},\boldsymbol{y}\in\mathbb{R}^n$ 均满足如下条件：

$$\|\boldsymbol{x}+\boldsymbol{y}\|^2+\|\boldsymbol{x}-\boldsymbol{y}\|^2=2\left(\|\boldsymbol{x}\|^2+\|\boldsymbol{y}\|^2\right) \tag{3.108}$$

设 $\boldsymbol{X}$ 为内积空间，子集 $\boldsymbol{A}\subseteq\boldsymbol{X}$ 的正交空间定义为

$$\boldsymbol{A}^{\perp}:=\{\forall\boldsymbol{x}\in\boldsymbol{X},\langle\boldsymbol{x},\boldsymbol{a}\rangle=0,\forall\boldsymbol{a}\in\boldsymbol{A}\} \tag{3.109}$$

满足：$\boldsymbol{A}\cap\boldsymbol{A}^{\perp}=\{\boldsymbol{0}\}$，$\boldsymbol{A}\subseteq\boldsymbol{B}\Leftrightarrow\boldsymbol{B}^{\perp}\subseteq\boldsymbol{A}^{\perp}$，$\boldsymbol{A}\subseteq\boldsymbol{A}^{\perp\perp}$，$\boldsymbol{A}^{\perp}$ 是 $\boldsymbol{X}$ 的闭子空间。

如果 $\boldsymbol{M}$ 是希尔伯特空间 $\boldsymbol{H}$ 的一个闭凸子集，则 $\boldsymbol{H}$ 中的任意一点在 $\boldsymbol{M}$ 中都有一个唯一的点，该点可以通过最小二乘逼近它。

希尔伯特空间 $\boldsymbol{H}$ 的正交基是一组正交向量 $\boldsymbol{E}$，由其张成的子空间是稠密的，并且 $\forall\boldsymbol{e}_i,\boldsymbol{e}_j\in\boldsymbol{E},\langle\boldsymbol{e}_i,\boldsymbol{e}_j\rangle=\delta_{ij}$。

帕塞瓦尔恒等式（Parseval's identity）：如果 $\boldsymbol{x}=\sum_{i=1}^{n}a_i\boldsymbol{e}_i$，$\boldsymbol{y}=\sum\beta_i\boldsymbol{e}_i$，$\{\boldsymbol{e}_i\}$ 是正交的，那么 $\boldsymbol{x},\boldsymbol{y}\in\boldsymbol{H}$，$\boldsymbol{x}=\sum a_i\boldsymbol{e}_i$，$\langle\boldsymbol{x},\boldsymbol{y}\rangle=\sum\langle\boldsymbol{x},\boldsymbol{e}_i\rangle\langle\boldsymbol{e}_i,\boldsymbol{y}\rangle$，$\sum|\langle\boldsymbol{x},\boldsymbol{e}_i\rangle|^2=\|\boldsymbol{x}\|^2$。

贝塞尔不等式（Bessel's inequality）为

$$\boldsymbol{x}=\sum a_i\boldsymbol{e}_i\text{，}\quad \sum\left|\langle\boldsymbol{x},\boldsymbol{e}_i\rangle\right|^2\leqslant\|\boldsymbol{x}\|^2$$

希尔伯特空间中的一个例子是傅里叶变换（Fourier transform），它既指频域表示，也指将频域表示与时间函数相关联的数学运算[61]。傅里叶变换是傅里叶级数的一种扩展。如果增加傅里叶级数中的区间长度，那么傅里叶系数开始类似于傅里叶变换。时间函数的傅里叶变换是频率的复合函数，其幅值（绝对值）表示该频率的量存在于原始函数中，其参数是该频率下基本正弦的相位偏移。

函数 f 的傅里叶变换通常表示为 $\hat{f}$，对任意实数 ξ，可积函数的傅里叶变换 $f:\mathbb{R}\to\mathbb{C}$，有

$$\hat{f}(\xi)=\int_{-\infty}^{\infty}f(x)\exp(-2\pi\mathrm{i}x\xi)\mathrm{d}x \tag{3.110}$$

当自变量 x 代表时间时，转换变量 ξ 表示频率，对任意实数 x，f 由 $\hat{f}$ 通过逆变换决定：

$$f(\xi)=\int_{-\infty}^{\infty}\hat{f}(\xi)\exp(2\pi\mathrm{i}x\xi)\mathrm{d}\xi \tag{3.111}$$

二维离散傅里叶变换（Discrete Fourier Transform，DFT）将空间域的标量图像 I 映射为频域的复数傅里叶变换 F：

$$F(u,v)=\frac{1}{W\cdot H}\sum_{x=0}^{W-1}\sum_{y=0}^{H-1}I(x,y)\exp\left[-\mathrm{i}2\pi\left(\frac{x\cdot u}{W}+\frac{y\cdot v}{H}\right)\right] \tag{3.112}$$

其中，$u=0,1,\cdots,W-1$，$v=0,1,\cdots,H-1$，$\mathrm{i}=\sqrt{-1}$ 为复数的虚数单位，W 和 H 分别表示图像 I 的宽和高。

二维离散傅里叶逆变换将频域中的离散傅里叶变换 F 映射回空间域：

$$I(x,y)=\sum_{u=0}^{W-1}\sum_{v=0}^{H-1}F(u,v)\exp\left[\mathrm{i}2\pi\left(\frac{x\cdot u}{W}+\frac{y\cdot v}{H}\right)\right] \tag{3.113}$$

图像 I 的离散傅里叶变换满足帕塞瓦尔定理（Parseval's theorem）：

$$\frac{1}{|\Omega|}\sum_{\Omega}|I(x,y)|^2=\sum_{\Omega}|F(u,\mathrm{v})|^2 \tag{3.114}$$

其中，$\Omega=[1,W]\times[1,H]$。

使用 MATLAB 进行傅里叶变换的示例如图 3.1 所示。图 3.1（a）所示为一维傅里叶变换，图 3.1（b）所示为二维傅里叶变换。

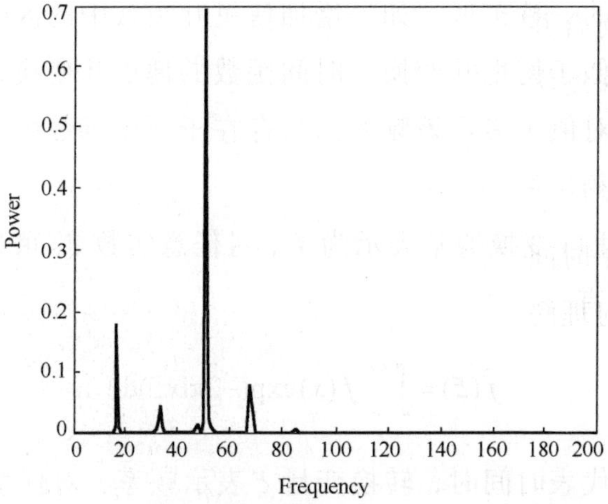

（a）一维傅里叶变换

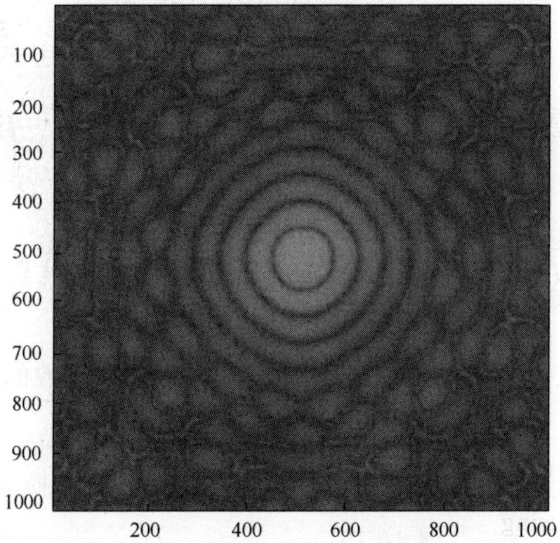

（b）二维傅里叶变换

图 3.1　使用 MATLAB 进行傅里叶变换的示例

3.6　思　考　题

问题 1. YOLOv2 能否处理小目标（如细胞）的检测与分类问题？

问题 2. 解释深度学习概念之间的关系：RNN、LSTM、GRU、MGU。

问题 3. 如何合并或融合不同的网络，如 U-Net 和 YOLOv2？

问题 4. 在深度学习中，如何选择合适的目标检测算法？

问题 5. 隐马尔可夫模型和循环神经网络有什么区别？

问题 6. 在深度学习中，如何选择损失函数？

问题 7. 对于时间序列分析，深度学习方法的优点是什么？

问题 8. 如何理解人工神经网络的代价函数是函数空间中的一种度量或距离？

问题 9. 从功能分析的角度来看，深度学习中的规范化与正则化之间的关系是什么？

问题 10. 如何理解傅里叶变换与希尔伯特空间之间的关系？

参 考 文 献

1. Krizhevsky A, Sutskever I, Hinton G (2017). ImageNet classification with deep convolutional neural networks. Commun ACM 60(6):84–90.
2. Krizhevsky A, Sutskever I, Hinton G (2012). ImageNet classification with deep convolutional neural networks. In: Advances in Neural Information Processing Systems, pp 1097–1105.
3. Rastegari M, Ordonez V, Redmon J, Farhadi A (2016). XNOR-Net: ImageNet classification using binary convolutional neural networks. In: European Conference on Computer Vision, pp525–542. Springer, Berlin.
4. Russakovsky O, Deng J, Su H, Krause J, Satheesh S, Ma S, Berg AC (2015).

ImageNet large scale visual recognition challenge. Int J Comput Vis 115(3):211–252.

5. LeCun Y, Bengio Y, Hinton G (2015). Deep learning. Nature 521:436–444.
6. Vapnik V (1995). The nature of statistical learning theory. Springer, Berlin.
7. Zanaty E (2012). Support vector machines (SVMs) versus multilayer perception (MLP) in data classification. Egypt Inf J 13(3):177–183.
8. LeCun Y, Bengio Y (1995). Convolutional networks for images, speech, and time series. Handbook Brain Theory Neural Netw 3361(10):1995.
9. Aizenberg N, Aizenberg I, Krivosheev G (1996). CNN based on universal binary neurons: learning algorithm with error-correction and application to impulsive-noise filtering on grayscale images. In: IEEE international workshop on cellular neural networks and their applications, pp 309–314.
10. Rekeczky C, Tahy A, Vegh Z, Roska T (1999). CNN-based spatio-temporal nonlinear filtering and endocardial boundary detection in echocardiography. Int J Circuit Theory Appl 27(1):171–207.
11. Sahiner B, Chan H, Petrick N, Wei D, Helvie M, Adler D, Goodsitt M (1996). Classification of mass and normal breast tissue: a convolution neural network classifier with spatial domain and texture images. IEEE Trans Med Imag 15(5):598–610.
12. Hubel D, Wiesel T (1962). Receptive fields, binocular interaction and functional architecture in the cat's visual cortex. J Physiol 160(1):106–154.
13. Lee C, Gallagher P, Tu Z (2016). Generalizing pooling functions in convolutional neural networks: mixed, gated, and tree. In: Artificial intelligence and statistics, pp 464–472.
14. Giusti A, Ciresan D, Masci J, Gambardella L, Schmidhuber J (2013). Fast image scanning with deep max-pooling convolutional neural networks. In: IEEE International conference on image processing, pp 4034–4038.

15. Heikkila M, Pietikainen M (2006). A texture-based method for modeling the background and detecting moving objects. IEEE Trans Pattern Anal Mach Intell 28(4):657–662.

16. He K, Zhang X, Ren S, Sun J (2014). Spatial pyramid pooling in deep convolutional networks for visual recognition. In: European conference on computer vision, pp 346–361. Springer,Berlin.

17. Merrienboer B, Bahdanau D, Dumoulin V, Serdyuk D, Warde-Farley Murtagh (1991). Multilayer perceptrons for classification and regression. Neurocomputing 2(5–6):183–197.

18. Taud H, Mas J (2018). Multilayer perceptron (MLP). In: Geomatic approaches for modelling land change scenarios, pp 451–455. Springer, Berlin.

19. Dai J, Li Y, He K, Sun J (2016). R-FCN: object detection via region-based fully convolutional networks. In: Advances in neural information processing systems, pp 379–387.

20. Girshick R, Donahue J, Darrell T, Malik J (2016). Region-based convolutional networks for accurate object detection and segmentation. IEEE Trans Pattern Anal Mach Intell 38(1):142–158.

21. Gkioxari G, Girshick R, Malik J (2015). Contextual action recognition with R-CNN. In: IEEE ICCV, pp 1080–1088.

22. Girshick R (2015). Fast R-CNN. In: IEEE ICCV, pp 1440–1448.

23. Gu Q, Yang J, Yan W, Li Y, Klette R (2017). Local Fast R-CNN flow for object-centric event recognition in complex traffic scenes. In: Pacific-rim symposium on image and video technology, pp 439–452.

24. Kivinen J,Warmuth M(1998). Relative loss bounds for multidimensional regression problems. In: Advances in neural information processing systems, pp 287–293.

25. Rriedman J, Hastie T, Tibshirani R (2000). Additive logistic regression: a statistical view of boosting. Ann Stat 38(2):337–374.

26. Ren S, He K, Girshick R, Sun J (2015). Faster R-CNN: towards real-time object detection with region proposal networks. In: Advances in neural information processing systems, pp 91–99.
27. Ren Y, Zhu C, Xiao S (2018). Object detection based on fast/faster RCNN employing fully convolutional architectures. Math Probl Eng, pp 1-7.
28. Dunne R, Campbell N (1997). On the pairing of the softmax activation and cross-entropy penalty functions and the derivation of the softmax activation function. In: Australian Conference on the Neural Networks, Melbourne, vol 181, pp 185.
29. Takeda F, Omatu S (1995). A neuro-paper currency recognition method using optimized masks by genetic algorithm. In: IEEE International conference on systems, man and cybernetics, vol 5, pp 4367–4371.
30. Redmon J, Divvala S, Girshick R, Farhadi A (2016). You only look once: unified, real-time object detection. In: IEEE CVPR, pp 779–788.
31. Redmon J, Farhadi A (2017). YOLO9000: better, faster, stronger. In: IEEE CVPR, pp 6517–6525.
32. Liu W, Anguelov D, Erhan D, Szegedy C, Reed S, Fu C, Berg A (2016). SSD: single shot multibox detector. In: European conference on computer vision, pp 21–37.
33. Cao G, Xie X, Yang W, Liao Q, Shi G, Wu J (2018). Feature-fused SSD: fast detection for small objects. In: International conference on graphic and image processing (ICGIP), vol 10615.
34. Hager G, Dewan M, Stewart C (2004). Multiple kernel tracking with SSD. In: IEEE CVPR.
35. Jeong J, Park H, Kwak N (2017). Enhancement of SSD by concatenating feature maps for object detection. In: BMVC'17.

36. Huang G, Liu Z, Weinberger K, van der Maaten L (2017). Densely connected convolutional networks. In: IEEE CVPR.

37. Hochreiter S, Schmidhuber J (1997). Long short-term memory. Neural Comput 9(8):1735–1780.

38. Rabiner L, Juang B (1986). An introduction to hidden Markov models. In: IEEE ASSP, 3(1):4–16.

39. Hassanpour H, Farahabadi P (2009). Using hidden Markov models for paper currency recognition. Expert Syst Appl 36(6):10105–10111.

40. Chatzis S, Kosmopoulos D (2011). A variational Bayesian methodology for hidden Markov models utilizing Student's-t mixtures. Pattern Recogn 44(2):295–306.

41. Toselli A, Vidal E, Romero V, Frinken V (2016). HMM word graph based keyword spotting in handwritten document images. Inf Sci 370:497–518.

42. Gal Y, Ghahramani Z (2016). A theoretically grounded application of dropout in recurrent neural networks. In: Advances in neural information processing systems, pp 1019–1027.

43. Mikolov T, Karafiat M, Burget L, Cernocky J, Khudanpur S (2010). Recurrent neural network based language model. In: Interspeech, vol 2, pp 3.

44. Martens J, Sutskever I (2011). Learning recurrent neural networks with Hessian-free optimization. In: International conference on machine learning, Bellevue.

45. Gers F, Schmidhuber J (2000). Recurrent nets that time and count. In: Proceedings of the IEEE-INNS-ENNS international joint conference on neural networks, vol 3, pp 189–194.

46. Gers F, SchraudolphNN, Schmidhuber J(2002). Learning precise timing with LSTM recurrent networks. J Mach Learn Res 3:115–143.

47. Basu A, Ebrahimi N (1991). Bayesian approach to life testing and reliability estimation using asymmetric loss function. J Stat Plann Inf 29(1–2):21–31.
48. Liu W, Wen Y, Yu Z, Yang M (2016). Large-margin softmax loss for convolutional neural networks. In: ICML, pp 507–516.
49. Zhang K, Zhang D, Jing C, Li J, Yang L (2017). Scalable softmax loss for face verification. In: International conference on systems and informatics, pp 491–496.
50. Fu R, Zhang Z, Li L (2016). Using LSTM and GRU neural network methods for traffic flow prediction. In: Youth academic annual conference of Chinese association of autDomation (YAC).
51. Gers F, Schmidhuber J, Cummins F (2000). Learning to forget: continual prediction with LSTM. Neural Comput 12(10):2451–2471.
52. Gers F, Schmidhuber E (2001). LSTM recurrent networks learn simple context-free and context-sensitive languages. IEEE Trans Neural Netw 12(6): 1333–1340.
53. Wang M, Song L, Yang X, Luo CF (2016). A parallel-fusion RNN-LSTM architecture for image caption generation. In: IEEE International conference on image processing, pp 4448–4452.
54. Xingjian S, Chen Z, Wang H, Yeung D, Wong W, Woo W (2015). Convolutional LSTM network: a machine learning approach for precipitation nowcasting. In: Advances in neural information processing systems, pp 802–810.
55. Chatfield C (2004). The analysis of time series: an introduction. Chapman & Hall/CRC, Atlanta.
56. Ertel W (2017). Introduction to artificial intelligence. Springer International Publishing, NewYork.
57. Norvig P, Russell S (2016). Artificial intelligence: a modern approach, 3rd edn. Prentice Hall,Upper Saddle River.

58. Yan W (2017). Introduction to intelligent surveillance: surveillance data capture, transmission,and analytics. Springer, Berlin.

59. Chen J, Kang X, Liu Y, Wang Z (2015). Median filtering forensics based on convolutional neural networks. IEEE Signal Process Letters 22(11):1849–1853.

60. Muscat J (2014). Functional analysis. Springer, Berlin.

61. Hu X (2017). Frequency based texture feature descriptors. PhD thesis, Auckland University of Technology, New Zealand.

第 4 章 自编码器和生成对抗网络

4.1 自编码器

基础的自编码器[1-3]是前馈非循环神经网络，它是一种无监督的机器学习方法，具有良好的数据特征表示能力。

给定一组训练数据，对其进行有效编码并去除其中的噪声是自编码器的典型应用。深度自编码器的目标是降低维数[4]及最小化编码数据和解码数据之间的差异。因此，自编码器是一种生成式网络，其中一个优点是将输出作为输入进行测试，并对原始数据[4]进行降维处理。

从数学的角度来讲，对 $\boldsymbol{x}\in\mathbb{R}^d$， $\boldsymbol{z}\in\mathbb{R}^p$，有：

$$\boldsymbol{z}=\sigma(\boldsymbol{W}\cdot\boldsymbol{x}+\boldsymbol{b}) \tag{4.1}$$

$$\boldsymbol{x}''=\sigma'(\boldsymbol{W}'\cdot\boldsymbol{z}+\boldsymbol{b}') \tag{4.2}$$

为了最小化重构误差，可以定义如下损失函数：

$$L(\boldsymbol{x},\boldsymbol{x}')=\|\boldsymbol{x}-\boldsymbol{x}'\|^2=\|\boldsymbol{x}-\sigma'(\boldsymbol{W}'\cdot\sigma(\boldsymbol{W}\cdot\boldsymbol{x}+\boldsymbol{b})+\boldsymbol{b}')\|^2 \tag{4.3}$$

因此，全局损失函数[5]定义为

$$J_{\mathrm{AE}}(\boldsymbol{\Theta})=\sum_{\boldsymbol{x}}L(\boldsymbol{x},\boldsymbol{x}') \tag{4.4}$$

其中， $\boldsymbol{\Theta}=(\boldsymbol{W},\boldsymbol{b},\boldsymbol{W}',\boldsymbol{b}')^{\mathrm{T}}$ 。衰减方程是

$$\boldsymbol{\Theta}_{i+1} := \boldsymbol{\Theta}_i - \alpha \frac{\partial J_{\mathrm{AE}}(\boldsymbol{\Theta}_i)}{\partial \boldsymbol{\Theta}_i} \tag{4.5}$$

其中，$\alpha \geqslant 0$是学习率。

4.2 正则自编码器

对于L_2正则化[6]，如果λ是权重衰减因子（weight decay，wd），可得

$$J_{\mathrm{AE+wd}}(\boldsymbol{\Theta}) = J_{\mathrm{AE}}(\boldsymbol{\Theta}) + \lambda \sum\nolimits_{w_{ij} \in \boldsymbol{W}} w_{ij}^2 \tag{4.6}$$

如果利用 KL 散度（Kullback–Leibler divergence）进行稀疏正则化（sparse regularization，sp）[7]，β是稀疏权重参数，则有

$$J_{\mathrm{AE+sp}}(\boldsymbol{\Theta}) = J_{\mathrm{AE}}(\boldsymbol{\Theta}) + \beta \sum_{j=1}^{m} \mathrm{KL}(\rho \,\|\, \hat{\rho}_j) \tag{4.7}$$

其中，稀疏自编码器采用如下形式的 KL 散度[8]作为正则项：

$$\mathrm{KL}(\rho \,\|\, \hat{\rho}_j) \triangleq \rho \log \frac{\rho}{\hat{\rho}_j} + (1-\rho) \log \frac{1-\rho}{1-\hat{\rho}_j} \tag{4.8}$$

并且，等号左边顶格对齐

$$\hat{\rho}_j = \frac{1}{N} \sum_{i=1}^{N} h_j(x^{(i)}) \tag{4.9}$$

其中，$\hat{\rho}_j = \rho_j$，$j = 1,2,\cdots,m$；$\boldsymbol{x} = \{x^{(i)}\}_{i=1}^{N}$。从上述定义可以看出

$$\mathrm{KL}(\rho \,\|\, \hat{\rho}_j) \neq \mathrm{KL}(\hat{\rho}_j \,\|\, \rho)$$

进一步可得：

$$J_{\mathrm{AE+wd+sp}}(\boldsymbol{\Theta}) = J_{\mathrm{AE}}(\boldsymbol{\Theta}) + \lambda \sum_{w_{ij} \in \boldsymbol{W}} w_{ij}^2 + \beta \sum_{j=1}^{m} \mathrm{KL}(\rho \,\|\, \hat{\rho}_j) \tag{4.10}$$

因此

$$J_{\mathrm{AE+wd+sp}}(\boldsymbol{\Theta})=J_{\mathrm{AE+wd}}(\boldsymbol{\Theta})+\beta\sum_{j=1}^{m}\mathrm{KL}(\rho\,\|\,\hat{\rho}_j) \tag{4.11}$$

并且

$$J_{\mathrm{AE+wd+sp}}(\boldsymbol{\Theta})=J_{\mathrm{AE+sp}}(\boldsymbol{\Theta})+\lambda\sum_{w_{ij}\in\boldsymbol{W}}w_{ij}^2 \tag{4.12}$$

当使用自编码器进行降噪[9]时，数据污染意味着

$$\boldsymbol{x}'=\boldsymbol{x}+\varepsilon \tag{4.13}$$

其中，$\varepsilon\sim\boldsymbol{N}(\mu,\delta)\rightarrow\boldsymbol{N}(0,\delta^2\boldsymbol{I})$，$\boldsymbol{N}(0,\delta^2\boldsymbol{I})$是加性各向同性高斯噪声。

在收缩自编码器（Contractive Auto-Encoder，CAE）中，

$$J_{\mathrm{CAE}}(\boldsymbol{\Theta})=J_{\mathrm{AE}}(\boldsymbol{\Theta})+\lambda\,\|J_f\|^2 \tag{4.14}$$

其中，$\|J_f\|_F$是 Frobenius 范数：

$$J_f=(a_{ij})_{m\times n}\triangleq\left(\frac{\partial h_i}{x_j}\right)_{m\times n} \tag{4.15}$$

并且

$$\|J_f\|_F^2=\sum_{i=1}^{m}\sum_{j=1}^{n}\left(\frac{\partial h_i}{x_j}\right)^2 \tag{4.16}$$

其中，

$$h_i=\sigma(\boldsymbol{W}\cdot\boldsymbol{x}+\boldsymbol{b}) \tag{4.17}$$

因此

$$\|J_f\|_F^2=\sum_{i=1}^{m}h_i(1-h_i)\sum_{j=1}^{n}w_{ij}^2 \tag{4.18}$$

对变分自编码器（Variational Auto-Encoder，VAE）[10,11]，采用如下形式的 KL 散度[8]：

$$\mathrm{KL}(Q\,\|\,P)\triangleq\sum_{x\in\boldsymbol{x}}Q(x)\log\frac{Q(x)}{P(x)}\triangleq\int_{x\in\boldsymbol{x}}Q(x)\frac{Q(x)}{P(x)}\mathrm{d}x \tag{4.19}$$

根据贝叶斯定理[12]：

$$P(x \mid z)=\frac{P(z \mid x)P(x)}{P(z)}=\frac{P(z \mid x)P(x)}{\sum_{x\in \boldsymbol{x}}P(z \mid x)P(x)} \tag{4.20}$$

其中，概率 $P(x \mid z)$ 、$P(z \mid x)$ 、$P(x)$ 和 $P(z)$ 分别为后验概率、似然度、先验概率和证据。基于此可以进行变分推理[12]。

如果 $Q(z)=P(x \mid z)$ ，那么

$$\mathrm{KL}(Q(z) \| P(z \mid x))=\mathrm{KL}(Q(z) \| P(z))-\sum_{z\in \boldsymbol{z}}Q(z)\log P(x \mid z)+\log P(x) \tag{4.21}$$

下面定义变分自编码器。如果 $x\sim \boldsymbol{N}(\mu,\delta)$ ， $z=x+\varepsilon=g(x,\varepsilon)$ ，那么 $z\sim \boldsymbol{N}(\mu+\varepsilon,\delta)$ ，其中，$\boldsymbol{N}(\mu,\delta)$ 是均值为 μ 、方差为 δ 的正态（高斯）分布，并且

$$Q(z)=P(x \mid z)=P(\varepsilon) \tag{4.22}$$

进而有：

$$\begin{aligned}L_{\mathrm{VAE}}(Q,P)&=\mathrm{KL}(Q(z) \| P(z \mid x))\\&=\mathrm{KL}(Q(z) \| P(z))-\sum_{z\sim \boldsymbol{N}(\mu+\varepsilon,\delta)}Q(z)\log P(x \mid z)+\log P(x)\\&=\mathrm{KL}(Q(z) \| P(z))-\sum P(\varepsilon)\log P(x \mid g(x,\varepsilon))+\log P(x)\end{aligned} \tag{4.23}$$

其中， $g(x,\varepsilon)$ 是编码器模型， $P(x \mid z)$ 是解码器模型。因此，代价函数为

$$\min[\mathrm{KL}(Q(z) \| P(z \mid x))]\Leftrightarrow \min\left[\mathrm{KL}(Q(z) \| P(z))\right]-\max\sum_{z\sim \boldsymbol{N}(\mu+\varepsilon,\delta)}Q(z)\log P(x \mid z) \tag{4.24}$$

其中，符号右边第一项是使用了 KL 散度的编码器，符号右边第二项是采用了极大似然估计（Maximum Likelihood Estimation，MLE）的解码器，并且 $\log P(x)$ ($x\in \boldsymbol{x}$)关于 $z\in \boldsymbol{z}$ 是独立的[12]。

简单地说，变分自编码器包括编码器、解码器和损失函数。术语“变分”一词来源于统计学中正则化与变分推理方法之间的密切联系。变分自

编码器输出高斯概率分布中每个维度的均值和标准差。对给定的一组可能的编码器和解码器，变分自编码器寻找在编码时能够最大程度保留信息及在解码时使重构误差最小的对。变分自编码器采用梯度下降法进行训练，使其编码器和解码器的综合损失最小。

自编码器是一种自监督学习模型，可以通过输入数据来学习其表征。LSTM 自编码器[13]是一种使用编码-解码 LSTM 体系结构的序列数据自编码器模型，可以学习序列数据的表征。对给定的序列数据集，编码-解码 LSTM 首先读取输入序列，然后进行编码，最后解码重建。LSTM 自编码器通过衡量重建输入序列的能力来评估其性能。

自编码器已被应用于图像去噪、去除雾霾。由于可以迭代地将输出作为输入，自编码器还能用来实现图像修复（image inpainting），如删除电视节目中的标志。

自编码器是一种利用反向传播算法使得输出逼近输入的神经网络。当隐含层中的神经元数量小于输入数据的维数时，自编码器学习的是输入数据的压缩表征。这类自编码器使用正则化器在第一层学习稀疏表征，并且可以通过设置各种参数来进行控制。MATLAB 提供了一个训练自编码器的示例，用于图像分类任务。

4.3　生成对抗网络

生成对抗网络通过学习来生成与给定训练集具有相同统计特性的新数据。在生成对抗网络中，有两个网络进行对抗训练。一个是生成网络（generative network，又称生成器），用于生成候选项；另一个是判别网络（discriminative network，又称判别器），用于对候选项进行评价。生成器是典型的反卷积神经网络（deconvolutional neural network），而判别器则是一种卷积神经网络[14,15]。生成对抗网络已经被应用于数字取证，即从篡改数据中找回真实数据。

给定 $\forall\{x_1,x_2,\cdots,x_m\}\sim P_{\text{data}}(x)$，$P_{\text{data}}(x)\approx P_G(x,\Theta)$，$x_i$ 在 $P_G(x,\Theta)$ 中的极大

似然估计为

$$L=\prod_{i=1}^{m}P_G(x_i,\boldsymbol{\Theta}) \tag{4.25}$$

参数优化目标为

$$\boldsymbol{\Theta}^*=\arg\max_{\boldsymbol{\Theta}}\prod_{i=1}^{m}P_G(x_i,\boldsymbol{\Theta}) \tag{4.26}$$

也就是

$$\boldsymbol{\Theta}^*=\arg\max_{\boldsymbol{\Theta}}\sum_{i=1}^{m}\log P_G(x_i,\boldsymbol{\Theta}) \tag{4.27}$$

目标函数还可以写成

$$\boldsymbol{\Theta}^*=\arg\min_{\boldsymbol{\Theta}}\mathrm{KL}\left(P_{\mathrm{data}}(x)\,\|\,P_G(x,\boldsymbol{\Theta})\right) \tag{4.28}$$

- **生成器** G，根据 z 生成数据 x。
- **判别器** D，通过函数 $V(G, D)$来评估 $P_{\mathrm{data}}(x)$ 和 $P_G(x_i,\boldsymbol{\Theta})$之间的差异：

$$V(G,D)\triangleq\boldsymbol{E}_{x\sim P_{\mathrm{data}}}\left(\log D(x)\right)+\boldsymbol{E}_{x\sim P_G}\left(\log(1-D(x))\right) \tag{4.29}$$

$$G^*=\arg\min_G\max_D V(G,D) \tag{4.30}$$

给定 G，如果

$$D^*(x)=\frac{P_{\mathrm{data}}(x)}{P_{\mathrm{data}}(x)+P_G(x)} \tag{4.31}$$

由于

$$V(G,D^*)=\max V(G,D)=-2\log 2+2\mathrm{JS}\left(P_{\mathrm{data}}(x)\,\|\,P_G(x)\right) \tag{4.32}$$

其中，JS 散度（Jensen-Shannon divergence）定义为

$$\mathrm{JS}(P\,\|\,Q)=\frac{1}{2}\mathrm{KL}(P\,\|\,M)+\frac{1}{2}\mathrm{KL}(Q\,\|\,M) \tag{4.33}$$

其中，$M=(P+Q)/2$。不难看出，$\mathrm{JS}(P\|Q)=\mathrm{JS}(Q\|P)$，但 $\mathrm{KL}(P\|Q)\neq\mathrm{KL}(Q\|P)$。

从而有

$$G^*=\arg\min_G\max_{D^*}V(G,D^*) \tag{4.34}$$

如果令

$$L(G)=\max_{D^*}V(G,D^*) \tag{4.35}$$

则有

$$G^*=\arg\min_G L(G) \tag{4.36}$$

根据梯度下降法原理，可以按照以下方式来调整生成器的参数：

$$\boldsymbol{\Theta}_G:=\boldsymbol{\Theta}_G-\beta\frac{\partial L(G)}{\partial\boldsymbol{\Theta}_G} \tag{4.37}$$

其中，$\beta\geqslant 0$是学习率。采用下列迭代步骤求解该问题。

- 给定 G_0，先训练 D_1：

$$D_1=\arg\max_D V(G_0,D) \tag{4.38}$$

- 给定 D_1，再训练 G_1：

$$G_1=\arg\max_G V(G,D_1) \tag{4.39}$$

- 以此类推。
- 根据 $G_i\Rightarrow D_{i+1}$；根据 $D_{i+1}\Rightarrow G_{i+1}$。
- 以此类推：

$$G^*=\arg\min_G\max_D V(G,D) \tag{4.40}$$

其中，

$$V=\boldsymbol{E}_{x\sim P_{\text{data}}}\left[\log D(x)\right]+\boldsymbol{E}_{x\sim P_G}\left[\log(1-D(x))\right] \tag{4.41}$$

对应的离散形式为

$$V=\frac{1}{m}\sum_{i=1}^{m}\log D(x_i)+\frac{1}{m}\sum_{i=1}^{m}\log\left[1-D(\hat{x}_i)\right] \tag{4.42}$$

其中，$x_i \sim P_{\text{data}}$，$\widehat{x_i} \sim P_G$。

因此判别器的参数调整方程为

$$\boldsymbol{\Theta}_D := \boldsymbol{\Theta}_D + \beta\frac{\partial V}{\partial \boldsymbol{\Theta}_D} \tag{4.43}$$

如果噪声样本数据 $z_i \sim \boldsymbol{N}(0,1)$，$\widehat{x_i}=G(z_i)$，那么

$$V=\frac{1}{m}\sum_{i=1}^{m}\log\left[1-D(G(z_i))\right] \tag{4.44}$$

从而有

$$\boldsymbol{\Theta}_G := \boldsymbol{\Theta}_G - \beta\frac{\partial V}{\partial \boldsymbol{\Theta}_G} \tag{4.45}$$

因此，基于式（4.44）和式（4.45）来实现生成对抗网络。以图像处理为例，生成对抗网络能够使一幅图像的细节变得更加清晰，类似于超分辨率重建的效果，还可以移除数字图像中的伪影（artefacts）。MATLAB 给出了一个如何训练生成对抗网络的示例。

SimGAN[15]改进了神经网络模拟器的输出，只需最小化合成图像（synthetic images）与修正图像（refined images）之间的差异即可，最后采用交替方式来更新判别器。SimGAN 先利用未标记的真实数据对合成图像进行修正，训练出一个修正器网络后，再对合成图像添加随机噪声以便稳定网络的训练过程；同时，还借助修正后的输出图像来训练深度神经网络，最终生成无须人工标注的结果，并且能够避免网络产生伪影。总的损失函数定义为

$$L_R(\theta)=\sum_i l_{\text{real}}(\theta;\boldsymbol{x}_i,L)+\lambda l_{\text{reg}}(\theta;\boldsymbol{x}_i) \tag{4.46}$$

其中，

$$l_{\text{real}}(\theta;\boldsymbol{x}_i,L)=-\log(1-D_\phi(R_\theta(\boldsymbol{x}_i))) \tag{4.47}$$

并且

$$l_{\text{reg}}(\theta;\boldsymbol{x}_i)=\|\psi(\widetilde{\boldsymbol{x}})-\boldsymbol{x}\| \tag{4.48}$$

判别器通过最小化以下损失函数来更新参数：

$$L_D(\phi)=-\sum_i \log\left(D_\phi(\boldsymbol{x}_i)\right)-\sum_j \log\left(1-D_\phi(\boldsymbol{y}_j)\right) \tag{4.49}$$

其中，$\boldsymbol{y}_i \in \boldsymbol{y}$是未标注的真实图像，$\boldsymbol{x}_i \in \boldsymbol{x}$是合成的训练图像。

4.4　信　息　论

自然语言处理涉及文本处理。文本信息具有熵（entropy），其信息容量（information capacity）是用熵来度量的。即使是只有 144 个字母的短消息（Short Message，SMS），也可以用熵进行度量，即

$$H=-\sum_{i=1}^{m} P_i \ln P_i=\boldsymbol{E}\ln\frac{1}{P_i} \tag{4.50}$$

其中，H是熵，$P_i \in [0,1]$是概率，它可以是 256 个字母（ASCII 码）的直方图，也可以是经过归一化后具有 256 个灰度等级的像素值。

熵可以写成数学期望 $\boldsymbol{E}(\cdot)$的形式。相应地，还可以定义联合熵（joint entropy）、条件熵（conditional entropy）、相对熵（relevant entropy）和互信息（mutual information）。

概率通常在 0 至 1 之间，即$P \in [0,1]$，条件概率记为$P(x|y)$，联合概率记为$h(x,y)$。给定x，熵$h(x|y)$和给定y时的熵并不相同。互信息$I(X;Y)$和联合熵的定义是建立在联合概率基础上的。信息容量定义为$C=\max I(X;Y)$。信息论和熵在互联网领域有着广泛的应用。

相对熵又称为p与q之间的 KL 散度，它反映了二者之间的信息差异程度。在深度学习中，KL 散度被广泛用于基于熵的损失函数计算和距离计算等场合。

在图模型中，常用的是相对熵、联合熵和互信息。事实上，互信息有

多种定义形式，这些定义都是等价的，而且当各个元素出现的概率都相互独立时，还能将互信息写成乘积形式。

联合熵和互信息能够以 Venn 图（又称为文氏图、温氏图、韦恩图）的形式进行显示，后者可以用来展示不同的事物群组（集合）之间的数学或逻辑联系。关于熵的这些概念，我们有无穷大情况下的链式法则。相应地，还可以使用条件熵。另外，根据贝叶斯定理，还可以推导得到联合熵、条件熵、相对熵及互信息之间的关系。

对任意两个函数 $p(x)$ 和 $q(x)$，相对熵定义为

$$H(p\|q)=-p\ln\frac{p}{q} \tag{4.51}$$

另一个概念是熵率（entropy rate）：

$$H(P)=-\frac{1}{n}\sum_{i=1}^{m}\ln P_i \tag{4.52}$$

通常，一个离散随机变量 X 的熵 $H(X)$ 可以通过如下形式来定义：

$$H(X)=-\sum_{x\in X}p(x)\log p(x)=-\boldsymbol{E}\log p(X)=\boldsymbol{E}\log\frac{1}{p(X)} \tag{4.53}$$

一对具有联合概率分布 $p(x,y)$ 的离散随机变量 (X,Y) 的联合熵 $H(X,Y)$ 定义为

$$H(X,Y)=-\sum_{x\in X,y\in Y}p(x,y)\log p(x,y)=\boldsymbol{E}\log\frac{1}{p(X,Y)} \tag{4.54}$$

如果 $(X,Y)\sim p(x,y)$，那么条件熵 $H(Y|X)$[8]定义为

$$\begin{aligned}H(Y|X)&=\sum_{x\in X}p(x)H(Y|X=x)\\&=-\sum_{x\in X}p(x)\sum_{y\in Y}p(y|x)\log p(y|x)\\&=\boldsymbol{E}_{p(x,y)}\log\frac{1}{p(Y|X)}\end{aligned} \tag{4.55}$$

不难得出：

$$H(Y|X) \neq H(X|Y) \tag{4.56}$$

等价地，记

$$\log p(X,Y) = \log p(X) + \log p(Y|X) \tag{4.57}$$

熵的链式法则为

$$H(X,Y) = H(X) + H(Y|X) \tag{4.58}$$

和

$$H(X,Y|Z) = H(X|Z) + H(Y|X,Z) \tag{4.59}$$

互信息 $I(X;Y)$可以度量两个随机变量之间的依赖关系，它是对称的且总是非负的[8]，即

$$I(X;Y) = H(X) - H(X|Y) = H(Y) - H(Y|X) \tag{4.60}$$

对输入为 X 和输出为 Y 的通信信道，信道容量 C 定义为

$$C = \max_{p(x)} I(X;Y) \tag{4.61}$$

信道容量是通过信道发送信息并在输出时以极小的错误概率恢复信息的最大速率。

相对熵（即 KL 散度）[8]是两个概率质量函数（probability mass functions）p 与 q 之间的距离的一种度量方式：

$$D(p\|q) = \sum_{x\in X} p(x)\log\frac{p(x)}{q(x)} = \boldsymbol{E}_{p(X)}\log\frac{p(X)}{q(X)} \tag{4.62}$$

互信息 $I(X;Y)$是联合概率分布 $p(x,y)$ 与乘积分布 $p(x)q(y)$之间的相对熵：

$$\begin{aligned} I(X;Y) &= \sum_{x\in X}\sum_{y\in Y} p(x,y)\log\frac{p(x,y)}{p(x)q(y)} \\ &= D(p(x,y)\|p(x)q(y)) \\ &= \boldsymbol{E}_{p(x,y)}\log\frac{p(X,Y)}{p(X)q(Y)} \end{aligned} \tag{4.63}$$

与此同时

$$I(X;Y)=H(X)+H(Y)-H(X,Y) \tag{4.64}$$

根据贝叶斯理论[12]，有

$$p(x_1,x_2)=p(x_2)p(x_1\mid x_2)=p(x_1)p(x_2\mid x_1) \tag{4.65}$$

$$H(X_1,X_2)=H(X_1)+H(X_2\mid X_1) \tag{4.66}$$

$$H(X_1,X_2,X_3)=H(X_1)+H(X_2,X_3\mid X_1)=H(X_1)+H(X_2\mid X_1)+H(X_3\mid X_2,X_1) \tag{4.67}$$

同理可得

$$H(X_1,X_2,X_3,\cdots,X_n)=\sum_{i=1}^{N}H(X_i\mid X_{i-1},\cdots,X_2,X_1) \tag{4.68}$$

相对熵的链式法则为

$$D\big(p(x,y)\,\|\,q(x,y)\big)=D\big(p(x)\,\|\,q(x)\big)+D\big(p(y\mid x)\,\|\,q(y\mid x)\big) \tag{4.69}$$

其中，

$$D\big(p(y\mid x)\,\|\,q(y\mid x)\big)=\sum_X p(x)\sum_Y p(y\mid x)\log\frac{p(y\mid x)}{q(y\mid x)}=\boldsymbol{E}\log\frac{p(y\mid x)}{q(y\mid x)} \tag{4.70}$$

根据 Jenssen 不等式可以判定一个函数是凸函数还是凹函数。在函数曲线上取任意两点，如果函数曲线在这两点之间的部分总在两点连线的下方，就说这条曲线是向下凸的。数学上，称函数 $f(x)$在区间 (a,b) 上是凸的，若 $\forall x_1,x_2\in(a,b)$ 和 $0\leqslant\lambda\leqslant1$，满足：

$$f[\lambda x_1+(1-\lambda)x_2]\leqslant\lambda f(x_1)+(1-\lambda)f(x_2) \tag{4.71}$$

二阶导数也用于判断函数是否为凸函数。如果函数 $f(x)$的二阶导数始终满足 $f''(x)\geqslant0$，那么该函数是凸的（强凸）。如果函数 $f(\cdot)$ 是一个凸函数，X 是一个随机变量，则有

$$\boldsymbol{E}f(x)\geqslant f(\boldsymbol{E}(X)) \tag{4.72}$$

令 $p(x)$ 和 $q(x)$（ $x\in X$ ）是两个概率质量函数，则

$D(p\|q)\geqslant 0$， $D(p(x|y)\|q(x|y))\geqslant 0$

对任意两个随机变量 X 和 Y，$I(X;Y)\geqslant 0$ 且 $I(X;Y|Z)\geqslant 0$。因为 $I(X;Y)=H(X)-H(X|Y)\geqslant 0$，可得 $H(X)\geqslant H(X|Y)$，从而有

$$H(X_1,X_2,\cdots,X_n)=\sum_{i=1}^{N}H(X_i|X_{i-1},\cdots,X_1)\leqslant\sum_{i=1}^{N}H(X_i) \tag{4.73}$$

当 $a_i,b_i\geqslant 0$， $i=1,2,\cdots,n$ 时，有

$$\sum_{i=1}^{N}a_i\log\frac{a_i}{b_i}\geqslant\sum_{i=1}^{N}a_i\log\frac{\sum_{i=1}^{N}a_i}{\sum_{i=1}^{N}b_i} \tag{4.74}$$

$$D(p\|q)=\sum_{i=1}^{N}p(x_i)\log\frac{p(x_i)}{q(x_i)}\geqslant\sum_{i=1}^{N}p(x_i)\log\frac{\sum_{i=1}^{N}p(x_i)}{\sum_{i=1}^{N}q(x_i)} \tag{4.75}$$

由此可得

$$\lambda D(p_1\|q_1)+(1-\lambda)D(p_2\|q_2)\geqslant D(\lambda p_1+(1-\lambda)p_2\|\lambda q_1+(1-\lambda)q_2) \tag{4.76}$$

因此，$H(X)$是一个凸函数，$I(X;Y)$是一个凹函数[16]。

随机过程 X_i 的熵率定义为

$$H(X)=\lim_{n\to\infty}\frac{1}{n}H(X_1,X_2,\cdots,X_n) \tag{4.77}$$

熵率的一个相关量[8]定义为

$$H'(X)=\lim_{n\to\infty}\frac{1}{n}H(X_n|X_{n-1},\cdots,X_1) \tag{4.78}$$

对于平稳随机过程（stationary stochastic process），满足

$$H'(X)=H(X)\Rightarrow\lim_{n\to\infty}H(X_n|X_{n-1},\cdots,X_1)=\lim_{n\to\infty}H(X_n|X_{n-1})=H(X_2|X_1) \tag{4.79}$$

令 $X_i, i=1,2,\cdots$ 是一个具有平稳分布 μ 和转移矩阵 $\boldsymbol{P}=(P_{ij})$ 的平稳马尔可夫链（Markov chain），则其熵率为

$$H(X)=-\sum_{ij}\mu_i P_{ij}\log P_{ij} \tag{4.80}$$

例如，具有两个状态的马尔可夫链的熵率可以写成

$$H(X)=H(X_2\mid X_1)=\frac{\alpha}{\alpha+\beta}H(\beta)+\frac{\beta}{\alpha+\beta}H(\alpha) \tag{4.81}$$

熵不仅可以定义成离散的形式，还可以定义为连续的形式。其中，前者的定义建立在求和公式的基础上，而后者则建立在积分符号上。离散形式的熵记为 H，连续形式的熵记为 h。如果函数 $f(\cdot)$是连续的，则熵函数也必然为连续的。连续熵的定义为

$$h=-\int p(x)\ln p(x)\mathrm{d}x=-\boldsymbol{E}\ln\frac{1}{p(x)} \tag{4.82}$$

连续条件熵定义为

$$h=-\int p(x\mid y)\ln p(x\mid y)\mathrm{d}x=-\boldsymbol{E}\ln\frac{1}{p(x\mid y)} \tag{4.83}$$

连续联合熵定义为

$$h=-\int p(x,y)\ln p(x,y)\mathrm{d}x=-\boldsymbol{E}\ln\frac{1}{p(x,y)} \tag{4.84}$$

连续熵率定义为

$$h=-\frac{1}{L}\int p(x,y)\ln p(x,y)\mathrm{d}x=-\frac{1}{L}\boldsymbol{E}\ln\frac{1}{p(x,y)} \tag{4.85}$$

4.5 思考题

问题 1. 自编码器如何生成与原始图像相似的图像？

问题 2. 自编码器与生成对抗网络之间的关系是什么？

问题 3.　如何评估生成对抗网络的生成器和判别器的性能？

问题 4.　相对熵的链式法则是什么？

问题 5.　使用 KL 散度衡量两个概率质量函数的优缺点是什么？如何解决该问题？

参 考 文 献

1. Xing C, Ma L, Yang X (2016). Stacked denoise autoencoder based feature extraction and classification for hyperspectral images. J Sens 2016.
2. Masci J, Meier U, Cirean D, Schmidhuber J (2011). Stacked convolutional autoencoders for hierarchical feature extraction. In: International conference on artificial neural networks. Springer, Berlin, pp 52–59.
3. Wang J, Zhang C (2018). Software reliability prediction using a deep learning model based on the RNN encoder-decoder. Reliab Eng Syst Saf 170:73–82.
4. Hinton G, Salakhutdinov R (2006). Reducing the dimensionality of data with neural networks. Science 313(5786):504–507.
5. Ko Y, Kim K, Jun C (2005). A new loss function-based method for multiresponse optimization. J Qual Technol 37(1):50–59.
6. Wan L, Zeiler M, Zhang S, LeCun Y, Fergus R (2013). Regularization of neural networks using DropConnect. In: International conference on machine learning, pp 1058–1066.
7. Poultney C, Chopra S, Cun Y (2007). Efficient learning of sparse representations with an energy-based model. In: Advances in neural information processing systems, pp 1137–1144.
8. Cover T, Thomas J (1991). Elements of information theory. Wiley, New York
9. Li C, Qin P, Zhang J (2017). Research on image denoising based on deep convolutional neural network. Comput Eng 43(3).
10. Marreiros A, Daunizeau J, Kiebel S, Friston K (2008). Population dynamics:

variance and the sigmoid activation function. Neuroimage 42(1):147–157.

11. Welling M, Kingma D (2019). An introduction to variational autoencoders. Found Trends Mach Learn 12(4):307–392.
12. Koller D, Friedman N (2009). Probabilistic graphical models. MIT Press, Cambridge.
13. Marchi E, Vesperini F, Squartini S, Schuller B (2017). Deep recurrent neural network-based autoencoders for acoustic novelty detection. Comput Intell Neurosci Hindawi (Article ID 4694860).
14. Ng A, Jordan M (2002). On discriminative vs. generative classifiers: a comparison of logistic regression and Naive Bayes. In: Advances in neural information processing systems, pp 841–848.
15. Shrivastava A, et al(2007). Learning from simulated and unsupervised images through adversarial training, In: IEEE CVPR'17.
16. Muscat J (2014). Functional analysis. Springer, Berlin.

第 5 章　强 化 学 习

5.1　引　　言

从交互中学习几乎是所有学习与智能理论的基本理念。强化学习是要学习如何将状态映射到动作，其中，动作不仅会影响即时奖励（immediate reward），还会影响下一个状态及所有后续的奖励。强化学习涉及动态系统，特别是最优控制和马尔可夫决策过程。强化学习明确地考虑了目标导向型（goal-directed）智能体与不确定性环境之间进行交互的全部问题，并且寻求“探索”（exploration）与“利用”（exploitation）之间的折中。

一个强化学习系统包含 4 大要素，即策略、奖励信号、值函数（value function）和环境模型。其中，策略定义了学习智能体在给定时刻的行为方式；奖励信号定义了强化学习问题的目标；值函数明确了从长远看哪种策略是好的。状态的值是智能体从该状态开始，在未来可能期望的累积奖励。奖励决定了环境状态的即时的、内在的可取性。强化学习的最后一个要素是环境模型。

以 Google 街景为例，利用它可以在户外环境下辅助导航，但是在建筑物内 Google 街景该如何帮助我们呢？强化学习[1, 2]可以在这种室内环境中为我们导航。强化学习与监督学习、无监督学习并列，是机器学习的三大范式之一。假设有一张建筑地图，机器人怎样做才能引导我们离开这栋楼或找到某个房间呢？成功解决该问题可以帮助我们在没有 GPS 信号的情况下快速找到商场或通往地下室的最短路径。在大学校园里，它还可以帮助学生快速找到他们要去的会议室或教室，并在室内环境中辅助机器人迅速到达目的地。

简言之，强化学习严重依赖状态和策略，这是一种理解和自动实现目标导向型学习与决策的计算方法。强化学习根据状态、动作和奖励，采用马尔可夫决策过程来描述一个学习智能体与其环境之间的交互过程。

5.2 贝尔曼方程

强化学习研究的问题包括赌博机问题（bandit problem）、有限马尔可夫决策问题（finite Markov decision problem）、贝尔曼方程和值函数。其中，贝尔曼方程是一种特殊的相容性条件，从中可以相对容易地确定最优策略。在有限马尔可夫决策问题中，主要采用动态规划、蒙特卡洛（Monte Carlo，MC）方法和时序差分学习（temporal-difference learning）方法等。

我们称一个处在特定的环境中且具有自主决策智能的软件机器人为智能体。它需要一个包含策略、动作、相关奖励、效果、惩罚和状态的环境。其中，状态可以看成策略和动作的输入，并通过最优化获得最优策略与奖励[3]。

假设有一个智能体和它所处的环境，智能体的动作记为 a，奖励为 r，策略为 π，状态为 s，智能体的动作由策略和状态共同决定，也就是 $a \triangleq \pi(s)$。将采样表示为 $\{s_1, a_1, r_1, \cdots, s_t\}$，$t=1, 2, \cdots$。因此，强化学习的目标就是要求出 $\max(r), \text{s.t.}\{s_1, a_1, r_1, \cdots, s_t\} \to \pi$。

有限马尔可夫决策问题是一类具有有限个状态、动作和奖励集合的马尔可夫决策问题。回报（return）是智能体寻求期望值最大化的未来奖励函数。

马尔可夫决策过程只影响下一时刻，而对当前序列没有太大影响[4]，也就是说：

- 状态 s_t 是马尔可夫的，如果 $P(s_{t+1}|s_t)=P(s_{t+1}|s_1,\cdots,s_t)$；
- 值函数 $v(s)\triangleq \boldsymbol{E}(G_t|s_t)$；
- 回报 $G_t\triangleq\sum_{k=0}^{\infty}\lambda^k\cdot r_{t+k+1}$，其中 λ 是折扣系数。

动作-值函数定义为

$$Q^{\pi}(s,a)\triangleq \boldsymbol{E}_{s'}(r+\lambda\cdot Q^{\pi}(s',a')|s,a) \tag{5.1}$$

因而最优的动作-值函数为

$$Q^{*}(s,a)=\boldsymbol{E}_{s'}(r+\lambda\cdot \max_{a'}Q^{*}(s',a')|s,a) \tag{5.2}$$

可以采用如下迭代方式：

$$Q_{i+1}(s,a)=\boldsymbol{E}_{s'}(r+\lambda\cdot \max_{a'}Q_i(s',a')|s,a)\rightarrow Q^{*}(i\rightarrow\infty) \tag{5.3}$$

其中，$\boldsymbol{E}(\cdot)$表示数学期望，称式（5.3）为贝尔曼方程。

奖励是根据动作来确定的。动作-值函数 $Q(a, s)$由动作和状态共同决定，因此最佳的 Q 值依赖于动作 a 和状态 s。寻找最佳 Q 值的过程称为Q-学习。下面采用 Q-学习来寻找最优策略，并使得奖励最大化。Q-学习是一种简化的贝尔曼方程，如果 $\alpha\in[0, 1]$，则有

$$Q(s_t,a_t)\leftarrow Q(s_t,a_t)+\alpha(r_{t+1}+\lambda\cdot \max_{a}Q(s_{t+1},a)-Q(s_t,a_t)) \tag{5.4}$$

最佳策略、状态和奖励是相互关联的。对一个关于 Q 值和权重 $\boldsymbol{w}$ 的深度神经网络，有：

$$Q(s,a,\boldsymbol{w})=Q^{\pi}(s,a) \tag{5.5}$$

那么损失函数即目标函数可以写成

$$L(\boldsymbol{w})=\boldsymbol{E}\left(\left[r+\gamma\cdot\max_{a'}Q(s',a',\boldsymbol{w})-Q(s,a,\boldsymbol{w})\right]^2\right) \tag{5.6}$$

相应的梯度为

$$\frac{\partial L(\boldsymbol{w})}{\partial \boldsymbol{w}}=\boldsymbol{E}\left(\left[r+\gamma\cdot\max_{a'}Q(s',a'\boldsymbol{w})-Q(s,a,\boldsymbol{w})\right]\right)\cdot\frac{\partial Q(s,a,\boldsymbol{w})}{\partial \boldsymbol{w}} \tag{5.7}$$

强化学习利用值函数来组织和结构化搜索最佳的策略。蒙特卡洛方法是一种基于平均采样回报的强化学习问题的求解方法。在给定的某个回合（episode，又称片段或幕）中，每次状态 s 的出现都称为对 s 的一次访问。由于在同一个回合中，s 可能会被多次访问到，称第一次访问为 s 的首次访问。首次访问型蒙特卡洛方法利用 s 的所有首次访问的回报的平均值进行估计。

基于蒙特卡洛方法的策略迭代自然地会在策略评估与策略改进之间一个回合接着一个回合地交替进行。每当一个回合结束后，便先将观察到的回报用于策略评估，然后在该回合中所有访问到的状态上对策略进行改进。在蒙特卡洛方法中，通常使用首次访问型蒙特卡洛方法来估计当前策略的动作-值函数。

对蒙特卡洛方法，必须等到该回合结束之后才能进行策略更新，因为只有到那时回报才是已知的，但是对时序差分学习方法，人们只需等待一个时间步长即可。时序差分学习方法可以直接从原始经验中学习，并不需要构建关于环境动态特性的模型，该方法可以基于已得到的其他状态的估计值来更新当前状态的值函数，无须等待交互的最终结果。

最简单的时序差分学习方法在转换到 S_{t+1} 并接收到 R_{t+1} 时立即进行更新，即：

$$V(S_t) \leftarrow V(S_t) + \alpha\left[R_{t+1} + \gamma \cdot V(S_{t+1}) - V(S_t)\right] \tag{5.8}$$

时序差分误差用于衡量 S_t 的估计值与更好估计值之间的差异：

$$\delta_t = R_{t+1} + \gamma \cdot V(S_{t+1}) - V(S_t)$$

在梯度下降法中，如果记 $\boldsymbol{w} = (w_1, \cdots, w_d)^{\mathrm{T}}$ ，则有

$$\boldsymbol{w}_{t+1} = \boldsymbol{w}_t + \alpha\left[v_\pi(S_t) - \hat{v}(S_t, \boldsymbol{w}_t)\right]\nabla\hat{v}(S_t, \boldsymbol{w}_t) \tag{5.9}$$

其中，α 是大于 0 的步长参数，$\nabla\hat{v}(S_t, \boldsymbol{w}_t)$ 是关于 $\boldsymbol{w}$ 的梯度。

这将产生以下用于状态-值预测的广义随机梯度下降法：

$$\boldsymbol{w}_{t+1} = \boldsymbol{w}_t + \alpha\left[U_t - \hat{v}(S_t, \boldsymbol{w}_t)\right]\nabla\hat{v}(S_t, \boldsymbol{w}_t) \tag{5.10}$$

由于状态的真实值是回报的期望值，因此蒙特卡洛方法的目标是$U_t \doteq G_t$。

线性方法利用内积来逼近状态-值函数：

$$\hat{v}(s,\boldsymbol{w})=\boldsymbol{w}^{\mathrm{T}}\boldsymbol{x}(s)=\sum_{i=1}^{d} w_i x_i(s)$$

其中，$\hat{v}(\cdot,\boldsymbol{w})$是权重向量$\boldsymbol{w}$的线性函数，$\boldsymbol{x}(s)=(x_1(s), x_2(s),\cdots, x_d(s))^{\mathrm{T}}$是一个实数向量，$\boldsymbol{x}(s)$称为表征状态$s$的特征向量。

由于近似值函数的梯度为$\nabla\hat{v}(s,\boldsymbol{w})=\boldsymbol{x}(s)$，因此广义随机梯度下降法的更新为

$$\boldsymbol{w}_{t+1}=\boldsymbol{w}_t+\alpha\left[U_t-\hat{v}(S_t,\boldsymbol{w})\right]\boldsymbol{x}(s_t) \tag{5.11}$$

例如，

$$\boldsymbol{w}_{t+n}=\boldsymbol{w}_{t+n-1}+\alpha\left[G_{t:t+n}-\hat{v}(S_t,\boldsymbol{w}_{t+n-1})\right]\nabla\hat{v}(S_t,\boldsymbol{w}_{t+n-1})$$

其中，

$$G_{t:t+n}=R_{t+1}+\gamma\cdot R_{t+2}+\cdots+\gamma^{n-1}\cdot R_{t+n}+\gamma^{n}\cdot\hat{v}(S_{t+n},\boldsymbol{w}_{t+n-1}),\quad 0\leqslant t\leqslant T-n$$

5.3 深度Q-学习

强化学习可以学到最优策略，使得总奖励最大化。由于动作序列中包含最大的累积奖励，因此问题的关键在于采取怎样的最佳动作序列。每种策略π都对应一个奖励$v_\pi(s_t)$，因此我们希望找到如下最优策略：

$$v^*(s_t)=\max_{\pi}\left(v^{\pi}(s_t)\right),\quad \forall s_t \tag{5.12}$$

在简化情况下，动作$a(t)\triangleq\pi(s_t)$，$Q(a_t)=r(a_t)>0$。如果$r(a)$是相应的奖励，则有

$$Q(a_{t+1})\leftarrow Q_t(a_t)+\eta\left[r(a_{t+1})-Q(a_t)\right] \tag{5.13}$$

在完整的强化学习中，策略 π 定义为在任意状态下将要采取的动作：

$$a_t \triangleq \pi(s_t) \tag{5.14}$$

状态 s_t 的值满足

$$v(s_t) = \max_{a_t} Q(s_t, a_t) \tag{5.15}$$

$$a_t^* = \arg\max_{a_t} Q(s_t, a_t) \tag{5.16}$$

以及

$$\pi^*(s_t^*) = a_t^* \tag{5.17}$$

值的迭代为

$$\left| v^{(l+1)}(s) - v^{(l)}(s) \right| < \delta \tag{5.18}$$

其中，$\delta>0$；$l=1, 2, 3, \cdots$，并且

$$v(s_t) \leftarrow v(s_t) + \eta\left[r_{t+1} + \gamma \cdot v(s_{t+1}) - v(s_t)\right] \tag{5.19}$$

策略迭代为

$$\pi \leftarrow \pi' = \arg\max_{\pi}(v^{\pi}(s')) \tag{5.20}$$

且

$$v^{\pi}(s) \leftarrow v^{\pi}(s') \tag{5.21}$$

奖励与动作为

$$Q(a_t, s_t) = r_{t+1} + \gamma \cdot \max_{a_{t+1}} Q(a_{t+1}, s_{t+1}) \tag{5.22}$$

上述迭代被用来逼近最优值。因此，我们进一步采用如下迭代形式：

- **回合**：$\exists T, (s_1, a_1, r_2, \cdots, s_T) \to \pi$；
- **蒙特卡洛方法**：利用经验平均而不是期望回报来代替贝尔曼方程，也就是

$$v_\pi(s)=\frac{1}{T}\sum_{i=1}^{T}(G_t \mid s_t = s) \tag{5.23}$$

其中，$G_t=\sum_{k=1}^{T-t}\lambda^{k-1}r_{t+k}$。因此

$$\pi(s) \leftarrow \arg\max_a Q(s,a) \tag{5.24}$$

$$v(s_t) \leftarrow v(s_t) - \alpha \cdot \left(G_t - v(s_t)\right) \tag{5.25}$$

- **时序差分**：

$$v(s_t) \leftarrow v(s_t) - \alpha(r_{t+1} + \gamma \cdot v(s_{t+1}) - v(s_t)) \tag{5.26}$$

其中，$r_{t+1} + \gamma \cdot v(s_{t+1}) - v(s_t)$ 是时序差分误差，$r_{t+1} + \gamma \cdot v(s_{t+1})$ 是时序差分的目标。

为了获得最佳的收敛性能，我们使用 Q-学习和双 Q-学习来寻找最佳的策略和行动。

- **回合**：$\exists T$, $(s_1, a_1, r_2, \cdots, s_T) \rightarrow \pi$;
- SARSA（State-Action-Reward-State-Action）算法：

$$Q(s,a) \leftarrow Q(s,a) + \alpha\left[r + \gamma \cdot Q(s',a') - Q(s,a)\right] \tag{5.27}$$

其中，$s \leftarrow s'$ 且 $a \leftarrow a'$。

- **Q-学习**：是一种离策略（off-policy）时序差分控制算法，即

$$Q(s,a) \leftarrow Q(s,a) + \alpha\left[r + \gamma \cdot \max_a Q(s',a') - Q(s,a)\right] \tag{5.28}$$

其中，$s \leftarrow s'$。

- **双 Q-学习**：

$$Q_1(s,a) \leftarrow Q_1(s,a) + \alpha\left[r + \gamma \cdot Q_2\left(s', \arg\max_a Q_1(s',a')\right) - Q_1(s,a)\right] \tag{5.29}$$

和

$$Q_2(s,a) \leftarrow Q_2(s,a) + \alpha\left[r + \gamma \cdot Q_1\left(s', \arg\max_a Q_2(s',a')\right) - Q_2(s,a)\right] \tag{5.30}$$

上述过程与卡尔曼滤波非常相似，但卡尔曼滤波是一种用于信号滤波的线性动态系统。

强化学习使得计算机能够做出一系列决策，以便任务的累积奖励最大化，期间既无须人为干预，也无须通过明确编程来完成任务。

在 MATLAB 中给出了许多与强化学习相关的例子。其中一个示例是通过图像观察摆锤的摆动与平衡。屏幕截图如图 5.1 所示，分别显示了摆锤在摆动过程中的不同位置。

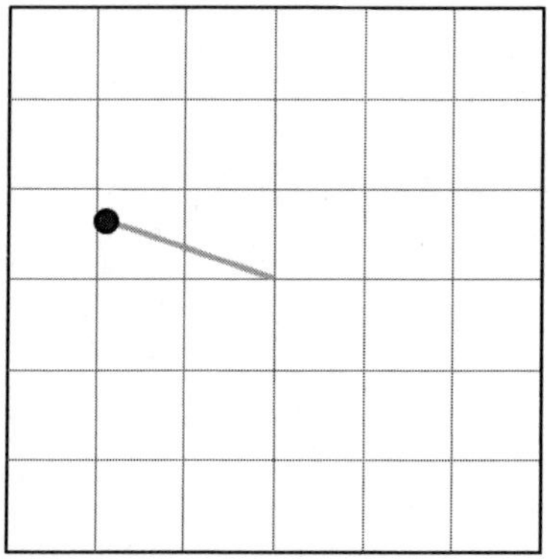

（a）

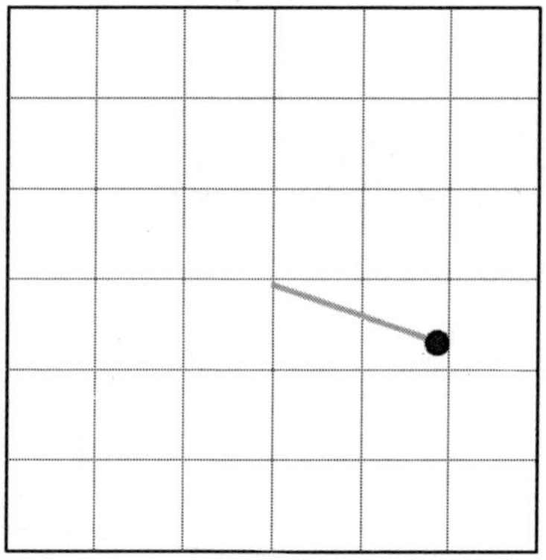

（b）

图 5.1　在 MATLAB 中通过图像观察摆锤摆动与平衡的示例

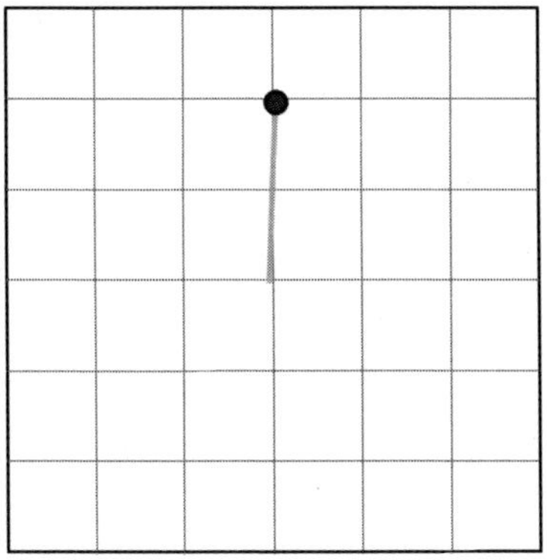

（c）

图 5.1 在 MATLAB 中通过图像观察摆锤摆动与平衡的示例（续）

5.4 优　　化

优化是深度神经网络中的一项核心技术。优化方法包括线性规划（linear programming）、非线性规划、动态规划及神经网络优化等。局部优化和全局优化是优化需要解决的主要问题。在优化算法中，总是寻求局部极小值和全局最小值。

优化方法可以划分为两大类：无约束优化和有约束优化。无约束优化是指无约束条件下的优化，而有约束优化则是指含有约束条件的优化。由于大多数优化问题都含有约束条件，因此都是有约束优化问题。约束通常是关于（w.r.t.）或受制于（s.t.）约束条件。

线性规划问题可以描述为

$$\begin{aligned} &\boldsymbol{x}^* = \arg\max_{\boldsymbol{x}} f(\boldsymbol{x}) \\ &\text{s.t. } \boldsymbol{A}\boldsymbol{x} = \boldsymbol{b} \end{aligned} \tag{5.31}$$

在线性规划中，如果改变参数 $\boldsymbol{A}$ 为 $\boldsymbol{A}+\Delta\boldsymbol{A}$，将 $\boldsymbol{b}$ 变为 $\boldsymbol{b}+\Delta\boldsymbol{b}$，其中 $\Delta\boldsymbol{A}$

和 $\Delta \boldsymbol{b}$ 是很小的变化，我们需要检查它们将如何对优化过程产生影响，以便找到该优化问题的解是否可控。

优化中有多目标规划（multiple objective programming）问题，如何找到求解多目标规划问题的最优解是数学优化中的一个关键问题。通常需要寻找导数，有时如果找不到求解局部最优解的函数导数，可以采用数学正则化方法对问题进行拓展[5]。

对动态优化问题来说，我们也需要计算导数。如果无法找到导数，其中一个解决方案是采用遗传算法（Genetic Algorithm，GA）。现代优化是指自然启发的计算（nature-inspired computing），通常包括遗传算法、模拟退火（Simulated Annealing，SA）算法、粒子群优化（Particle Swarm Optimization，PSO）算法、蚁群优化（Ant Colony Optimization，ACO）算法等[6]。

5.5 数据拟合

若 $y=f(z,x_1,\cdots,x_n)$，$y_k=f(z_k,x_1,\cdots,x_n)$，$k=1,\cdots,m$，$m>n$，最优解是最小化下式：

$$\varepsilon(x_1,\cdots,x_n)=\sum_{i=1}^{m}\left(y_i-f(z_i,x_1,\cdots,x_n)\right)^2 \tag{5.32}$$

或者

$$\varepsilon(x_1,\cdots,x_n)=\sum_{i=1}^{m}\left(y_i-f_i(x_1,\cdots,x_n)\right)^2 \tag{5.33}$$

因此

$$\frac{\partial\varepsilon(x_1,\cdots,x_n)}{\partial x_i}=\frac{\partial}{\partial x_i}\sum_{i=1}^{m}(y_i-f_i(x_1,\cdots,x_n))^2 \tag{5.34}$$

线性最小二乘问题：如果函数 $f_k(x_1,\cdots,x_n)$，$k=1,\cdots,m$ 是线性的，$\boldsymbol{x}=(x_1,\cdots,x_n)^{\mathrm{T}}$，令

$$\|\boldsymbol{y}-\boldsymbol{A}\boldsymbol{x}\|^2=(\boldsymbol{y}-\boldsymbol{A}\boldsymbol{x})^{\mathrm{T}}(\boldsymbol{y}-\boldsymbol{A}\boldsymbol{x})$$

最小化，也就是

$$\min_{\boldsymbol{x}\in R^n}\|\boldsymbol{y}-\boldsymbol{A}\boldsymbol{x}\|$$

$$\begin{aligned}&\Rightarrow \nabla_x\left[\left(\boldsymbol{A}\boldsymbol{x}-\boldsymbol{y}\right)^{\mathrm{T}}\left(\boldsymbol{A}\boldsymbol{x}-\boldsymbol{y}\right)\right]=2\boldsymbol{A}^{\mathrm{T}}\boldsymbol{A}\boldsymbol{x}-2\boldsymbol{A}^{\mathrm{T}}\boldsymbol{y}=0\\&\Rightarrow \boldsymbol{A}^{\mathrm{T}}\boldsymbol{A}\boldsymbol{x}-\boldsymbol{A}^{\mathrm{T}}\boldsymbol{y}=0\\&\Rightarrow \boldsymbol{x}=(\boldsymbol{A}^{\mathrm{T}}\boldsymbol{A})^{-1}\boldsymbol{A}^{\mathrm{T}}\boldsymbol{y}\end{aligned}\tag{5.35}$$

如果函数 $f(\boldsymbol{x})=(f_1,\cdots,f_m)^{\mathrm{T}}$ 是非线性的，$\boldsymbol{y}=(y_1,\cdots,y_m)^{\mathrm{T}}$，当 $\boldsymbol{x}=(x_1,\cdots,x_n)^{\mathrm{T}}$ 时，令 $\|\boldsymbol{y}-f(\boldsymbol{x})\|^2$ 最小化，对应的雅克比矩阵（Jacobian matrix）

$$\frac{\partial \boldsymbol{J}(\boldsymbol{x})}{\partial \boldsymbol{x}}=\begin{bmatrix}\dfrac{\partial f_1}{\partial x_1} & \cdots & \dfrac{\partial f_1}{\partial x_n}\\ \vdots & \ddots & \vdots\\ \dfrac{\partial f_m}{\partial x_1} & \cdots & \dfrac{\partial f_m}{\partial x_n}\end{bmatrix}=0\tag{5.36}$$

非线性最小二乘问题的解 $\bar{\boldsymbol{x}}$ 满足

$$\|\boldsymbol{y}-f(\bar{\boldsymbol{x}})\|^2\leqslant\|\boldsymbol{y}-f(\boldsymbol{x})\|^2\tag{5.37}$$

采用高斯-牛顿法（Gauss–Newton method）求解可得

$$\boldsymbol{x}^{(i+1)}:=\boldsymbol{x}^{(i)}-\nabla^{-1}f(\boldsymbol{x}^{(i)})f(\boldsymbol{x})^{(i)}\tag{5.38}$$

对非线性函数，如果

$$f(\boldsymbol{\xi})=f(\boldsymbol{x}_0)+f'(\boldsymbol{x}_0)(\boldsymbol{\xi}-\boldsymbol{x}_0)=0\tag{5.39}$$

那么

$$\boldsymbol{\xi}=\boldsymbol{x}_0-\frac{f(\boldsymbol{x}_0)}{f'(\boldsymbol{x}_0)} \tag{5.40}$$

求解方程组的广义牛顿法由下式给出：

$$\boldsymbol{x}_{i+1}=\boldsymbol{x}_i-\frac{f(\boldsymbol{x}_i)}{f'(\boldsymbol{x}_i)} \tag{5.41}$$

其中，i=0,1,2,⋯。

序列 $\boldsymbol{x}_i\in\mathbb{R}^n$ 是收敛的，当且仅当对每个 $\varepsilon>0$，存在 $N(\varepsilon)$，满足 $\|x_l-x_m\|<\varepsilon$，$\forall l,m\geqslant N(\varepsilon)$。

一般收敛定理：令函数 $\boldsymbol{y}=\Phi(\boldsymbol{x})$，$\boldsymbol{x}$，$\boldsymbol{y}\in\mathbb{R}^n$ 存在一个不动点 $\boldsymbol{\xi}=\Phi(\boldsymbol{\xi})$ 并且 $S_r(\boldsymbol{\xi})=\{\boldsymbol{x}:\|\boldsymbol{x}-\boldsymbol{\xi}\|<r\}$ 是 ξ 的邻域，使得 $\Phi(\cdot)$ 是 $S_r(\xi)$ 中的一个压缩映射（contractive mapping），即

$$\|\Phi(\boldsymbol{x})-\Phi(\boldsymbol{y})\|\leqslant K\|\boldsymbol{x}-\boldsymbol{y}\| \tag{5.42}$$

其中，$K\in[0,1]$，$\boldsymbol{x},\boldsymbol{y}\in S_r(\boldsymbol{\xi})$。

对生成的序列 $\boldsymbol{x}_i=\Phi(\boldsymbol{x}_i)$，$i$=0, 1, 2, ⋯, $\boldsymbol{x}_i\in S_r(\xi)$，有

$$\|\boldsymbol{x}_{i+1}-\boldsymbol{\xi}\|\leqslant K\|\boldsymbol{x}_i-\boldsymbol{\xi}\| \tag{5.43}$$

如果函数 $\boldsymbol{y}=f(\boldsymbol{x})$，$\boldsymbol{x}\in S_r(\boldsymbol{x}_0)=\{\boldsymbol{x}:\|\boldsymbol{x}-\boldsymbol{x}_0\|<r\}$ 具有以下性质：

- $\|f'(\boldsymbol{x})-f'(\boldsymbol{y})\|<\gamma\|\boldsymbol{x}-\boldsymbol{y}\|$，$\forall\boldsymbol{x},\boldsymbol{y}\in S_r(\boldsymbol{x}_0),\gamma\in[0,1]$；
- $f'(\boldsymbol{x})^{-1}$ 存在，且 $\|f'(\boldsymbol{x})^{-1}\|<\beta,\forall\boldsymbol{x}\in S_r(\boldsymbol{x}_0),\beta\in[0,1]$；
- $\|f'(\boldsymbol{x}_0)^{-1}f(\boldsymbol{x}_0)\|<\alpha$，$\alpha\in[0,1]$，

则有

①

$$\boldsymbol{x}_{i+1}:=\boldsymbol{x}_i-f'(\boldsymbol{x}_i)^{-1}f(\boldsymbol{x}_i) \tag{5.44}$$

其中，$\boldsymbol{x}_i\in S_r(\boldsymbol{x}_0)$，$i=0,1,\cdots$；

②

$$\lim_{k\to\infty} \boldsymbol{x}_k = \boldsymbol{\xi} \tag{5.45}$$

其中，$\boldsymbol{\xi}\in S_r(\boldsymbol{x}_0)$，$f(\boldsymbol{\xi})=0$；

③$\forall k \geqslant 0$，

$$\|\boldsymbol{x}_k - \boldsymbol{\xi}\| \leqslant \eta \cdot \frac{h^{2k-1}}{1-h^{2k}} \tag{5.46}$$

其中，$\eta\in[0, 1]$。

给定一个矩阵 $\boldsymbol{A}=(a_{ij})_{n\times n}$，要寻找 $\lambda\in C$，使得如下线性方程组具有一个非平凡的解 $\boldsymbol{x}\neq\boldsymbol{0}$：

$$(\boldsymbol{A}-\lambda\boldsymbol{I})\boldsymbol{x}=0 \tag{5.47}$$

其中，λ 是矩阵 $\boldsymbol{A}$ 的特征值，$\boldsymbol{x}$ 是矩阵 $\boldsymbol{A}$ 与特征值 λ 关联的特征向量，所有特征值的集合称为 $\boldsymbol{A}$ 的谱。

下列多项式

$$\phi(\mu)=\det(\boldsymbol{A}-\mu\boldsymbol{I}) \tag{5.48}$$

称为矩阵 $\boldsymbol{A}$ 的特征多项式，即

$$\phi(\mu)=(\mu-\lambda_1)^{\sigma_1}(\mu-\lambda_2)^{\sigma_2}\cdots(\mu-\lambda_k)^{\sigma_k} \tag{5.49}$$

其中，$\sigma_i=\sigma(\lambda_i)$，$\sigma_1+\sigma_2+\cdots+\sigma_k=n$。

特别地，有 Hamilton-Cayley 定理：

$$\phi(\boldsymbol{A})=0 \tag{5.50}$$

给定矩阵 $\boldsymbol{A}$ 和 $\boldsymbol{B}$，存在一个非零向量 $\boldsymbol{x}$，使得

$$\boldsymbol{A}\boldsymbol{x}=\boldsymbol{B}\lambda\boldsymbol{x} \tag{5.51}$$

如果 $\det(\boldsymbol{B})\neq 0$，那么

$$\boldsymbol{B}^{-1}\boldsymbol{A}\boldsymbol{x}=\lambda\boldsymbol{x} \tag{5.52}$$

并且由于 $\boldsymbol{A}\boldsymbol{x}=\lambda\boldsymbol{x}$，从而有

$$|\lambda|\leqslant\frac{\|\boldsymbol{A}\boldsymbol{x}\|}{\|\boldsymbol{x}\|} \tag{5.53}$$

其中，$\rho(\boldsymbol{A})=\max_{1\leqslant i\leqslant n}(|\lambda_i|)$ 是矩阵 $\boldsymbol{A}$ 的谱半径。

5.6 思　考　题

问题 1. 如何理解监督学习、非监督学习与强化学习之间的关系？

问题 2. 什么是马尔可夫决策过程？为什么强化学习与马尔可夫决策过程有关？

问题 3. 什么是探索和利用？强化学习如何在探索与利用之间寻求平衡？

问题 4. 贝尔曼方程是什么？贝尔曼方程中的相关概念是什么？

问题 5. 强化学习中的一个回合指的是什么？

问题 6. 强化学习和梯度下降法有什么关系？

问题 7. Q-学习和双 Q-学习的用途是什么？

问题 8. 什么是线性规划？什么是非线性规划？什么是动态规划？

问题 9. 什么是现代优化算法？列出其中三个。

问题 10. 解方程组的广义牛顿法是什么？

参 考 文 献

1. Littman M (2015). Reinforcement learning improves behaviour from evaluative feedback. Nature 521:445–451.

2. Mnih V, et al (2015). Human-level control through deep reinforcement learning. Nature 518:529– 533.
3. Alpaydin E (2009). Introduction to machine learning. MIT Press, Cambridge.
4. Koller D, Friedman N (2009). Probabilistic graphical models. MIT Press, Cambridge.
5. Goodfellow I, Bengio Y, Courville A (2016). Deep learning. MIT Press, Cambridge.
6. Rao S (2009). Engineering optimization: theory and practice, 4th edn.John Wiley & Sons, New Jersey.

第 6 章　胶囊网络与流形学习

6.1　胶 囊 网 络

Hinton 及其团队在 2017 年提出了胶囊网络（Capsule Networks，CapsNet）的一种动态路由机制（dynamic routing mechanism）[1]。胶囊是一组神经元，激活同一视觉对象的不同属性。胶囊网络可以用来更好地建模层次关系，例如，能够描述“毕加索问题”（Picasso problem），即图像具有所有正确的部分，但不具备正确的空间关系。胶囊网络采用向量输出胶囊代替标量输出，即胶囊网络的输出是一个由观测概率构成的向量，其中包括位姿（如位置、大小、方向）、形变、速度等属性。由于每个胶囊都是相互独立的，因此当多个胶囊保持一致时，正确检测的概率或置信度就会高得多。

胶囊网络的输出通过下式进行更新：

$$b_{ij} \leftarrow b_{ij} + \hat{\boldsymbol{u}}_{j|i} \cdot \boldsymbol{v}_j \tag{6.1}$$

其中，b_{ij} 是指第 l 层的胶囊 i 与第 l+1 层的胶囊 j 相连的先验概率。

$$\hat{\boldsymbol{u}}_{j|i} = \boldsymbol{W}_{ij}\boldsymbol{u}_i \tag{6.2}$$

其中，$\boldsymbol{W}_{ij}$ 是一个权重矩阵。位姿向量 $\boldsymbol{u}_i$ 通过 $\boldsymbol{W}_{ij}$ 旋转与平移转换为向量 $\hat{\boldsymbol{u}}_j$，从而可以预测父代胶囊（parent capsule）的输出。

在胶囊网络中，挤压函数（squashing function）为

$$\boldsymbol{v}_j(s_j)=\frac{\|\boldsymbol{s}_j\|^2}{1+\|\boldsymbol{s}_j\|^2}\frac{\mathbf{s}_j}{\|\boldsymbol{s}_j\|} \tag{6.3}$$

其中，$\boldsymbol{v}_j$是胶囊 j 的向量输出。下一层的胶囊 $\boldsymbol{s}_j$的输入由其上一层的所有胶囊的预测值之和与耦合系数共同决定，即

$$\boldsymbol{s}_j=\sum_i c_{ij}\hat{\boldsymbol{u}}_{j|i} \tag{6.4}$$

并且

$$c_{ij}=\text{softmax}(\boldsymbol{b}_i)=\frac{\exp(b_{ij})}{\sum_k \exp(b_{ik})} \tag{6.5}$$

其中，c_{ij}是耦合系数，b_{ij}是对数先验概率，初始时 $b_{ij}:=0$。

最后，通过最小化如下损失函数对网络进行训练

$$L_k=T_k\max(0,m^+-\|\boldsymbol{v}_k\|^2)+\lambda(1-T_k)\max(0,\|\boldsymbol{v}_k\|-m^-)^2 \tag{6.6}$$

其中，$m^+=0.9$，$m^-=0.1$，$\lambda=0.5$；如果存在 k 类对象，那么 T_k取值为 1，否则为 0。

胶囊网络具有许多概念上的优势，例如，它可以学习拓扑关系，网络以层次的方式进行组织等。胶囊网络还具有视角不变性和对新视角的良好泛化能力。此外，胶囊网络还成功应用于图像分割，其工作原理类似于 SegNet 和 U-Net，而后面两个深度学习网络是针对图像分割任务而专门设计的。

U-Net[2,3]可以用于像素级的回归和小尺寸目标的检测与识别。U-Net 是一种卷积神经网络，由一条收缩路径和一条扩展路径组成。其中，收缩路径遵循典型的卷积网络架构，网络呈 U 型结构，采用卷积层反复堆叠而成，接着是修正线性单元（ReLU）和最大池化操作。该设计基于全卷积网络，并对其架构进行了改进和扩展，减少了训练图像，从而获得了更精确的分割效果。U-Net 采用像素级 softmax 交叉熵作为损失函数。softmax 函数定义为

$$P_k(\boldsymbol{p}) = \frac{\exp\left(a_k(\boldsymbol{p})\right)}{\sum_k \exp\left(a_k(\boldsymbol{p})\right)} \tag{6.7}$$

其中，$P_k(\boldsymbol{p})$是特征通道 k（k=1, 2,⋯, K，K 是类的数量）中的像素位置 $\boldsymbol{p}$ 的 softmax 函数；$a_k(\boldsymbol{p})$是像素位置 $\boldsymbol{p}=(x, y)\in \Omega=[a, b]\times[c, d]\subset \mathbb{R}^2$ 的激活函数，$x\in[a, b]$和 $y\in[c, d]$分别是图像区域在水平和垂直方向上的区间范围。

像素级的 softmax 交叉熵为

$$L(\boldsymbol{p}) = \sum_{p\in\Omega} w(\boldsymbol{p}) \log P\left(a_l(\boldsymbol{p})\right) \tag{6.8}$$

其中，$a_l(\boldsymbol{p})$是通道标签为 l 的像素 $\boldsymbol{p}$ 处的 softmax 函数，$0<l\leqslant K$；$w(\boldsymbol{p})$是像素 $\boldsymbol{p}$ 处的权重图（weight map），该权重图具有像素级损失权重，从而迫使 U-Net 网络从边界像素中进行学习。权重图的计算方式如下：

$$w(\boldsymbol{p}) = w_c(\boldsymbol{p}) + w_0(\boldsymbol{p}) \exp\left(-\frac{\left(d_1(\boldsymbol{p}) + d_2(\boldsymbol{p})\right)^2}{2\sigma^2}\right) \tag{6.9}$$

其中，$w_c(\boldsymbol{p})$、$w_0(\boldsymbol{p})$和 $\sigma\neq 0$ 是参数，可以视为常数；$d_1(\boldsymbol{p})$和 $d_2(\boldsymbol{p})$分别是从像素 $\boldsymbol{p}$ 到其边界像素的第一长距离和第二长距离。

SegNet[4]是一种用于多类像素级分割的深度编码器-解码器体系架构，可以用于城市道路场景的实时分割和室内场景理解等任务。SegNet 网络架构由一系列非线性处理层（编码器）、一组相应的解码器及一个像素级分类器组成。典型情况下，在编码器网络中，每个编码器都由一个或多个卷积层组成，这些卷积层包含批归一化和 ReLU 非线性处理层，接着是非重叠最大池化（non-overlapping max pooling）和下采样。SegNet 的一个关键组成部分是在解码器中对低分辨率特征图执行上采样操作（采用双线性插值）。SegNet 只存储特征图的最大池化索引，并将其用于解码器网络，以便获得良好的性能。

此外，SegNet[4]还使用了英国剑桥大学开发的 VGG[5]神经网络的所有预训练卷积层权重作为其预训练权重。编码器网络由 13 个卷积层组成，对应 VGG-16 网络中的前 13 个卷积层。每个编码器层都具有一个对应的解码器层，因此解码器网络也有 13 层。最后的解码器输出被馈送到一个多类 softmax 分类器，以便为每像素独立地产生类别概率。SegNet 采用交叉熵损失作为训练的目标函数，并且对每个小批量中的所有像素进行累加来计算损失，整个网络架构可以利用随机梯度下降法进行训练。

下采样可通过最大池化、平均池化等池化操作来实现，而上采样则可采用最近邻、双线性或双三次插值[6]等方法。以双线性插值为例，给定图像 I 与 I' 分别对应的区域 $\Omega=[a, b]\times[c, d]$ 及 $\Omega'=[a', b']\times[c', d']$，参数 $s\in[0, 1]$ 和 $t\in[0, 1]$ 建立了从 $\Omega\subset I$ 到 $\Omega'\subset I'$ 之间的映射关系。也就是说，给定像素 $\boldsymbol{p}\in\Omega\subset I$，可以通过参数 $s_0, t_0\in[0, 1]$ 得到其对应的像素 $\boldsymbol{p}'\in\Omega'\subset I'$。因此，$\boldsymbol{p}(s, t)=\boldsymbol{p}'(s, t)$，$\forall s,\ t\in[0, 1]$，即

$$\boldsymbol{p}_A=\boldsymbol{p}(0,0)=\boldsymbol{p}'(0,0)=\boldsymbol{p}'_{A'} \tag{6.10}$$

$$\boldsymbol{p}_B=\boldsymbol{p}(1,0)=\boldsymbol{p}'(1,0)=\boldsymbol{p}'_{B'} \tag{6.11}$$

$$\boldsymbol{p}_C=\boldsymbol{p}(0,1)=\boldsymbol{p}'(0,1)=\boldsymbol{p}'_{C'} \tag{6.12}$$

$$\boldsymbol{p}_D=\boldsymbol{p}(1,1)=\boldsymbol{p}'(1,1)=\boldsymbol{p}'_{D'} \tag{6.13}$$

其中，区域 Ω 中 4 个角落上的像素 $\boldsymbol{p}_A$、$\boldsymbol{p}_B$、$\boldsymbol{p}_C$、$\boldsymbol{p}_D\in\Omega$ 分别对应于区域 Ω' 中的 4 个角落上的像素 $\boldsymbol{p}_{A'}$、$\boldsymbol{p}_{B'}$、$\boldsymbol{p}_{C'}$、$\boldsymbol{p}_{D'}\in\Omega'$。因此有

$$\boldsymbol{p}'(s_0,t_0)=t_0\left[s_0\cdot\boldsymbol{p}'(0,0)+(1.0-s_0)\boldsymbol{p}'(1,0)\right]+(1.0-t_0)\left[s_0\cdot\boldsymbol{p}'(1,0)+(1.0-s_0)\boldsymbol{p}'(1,1)\right] \tag{6.14}$$

写成矩阵形式，即

$$\boldsymbol{p}'(s_0,t_0)=\begin{bmatrix}t_0 & 1.0-t_0\end{bmatrix}\boldsymbol{M}'\begin{bmatrix}s_0 & 1.0-s_0\end{bmatrix}^{\mathrm{T}} \tag{6.15}$$

其中，

$$M'=\begin{bmatrix} p'(0,0) & p'(1,0) \\ p'(0,1) & p'(1,1) \end{bmatrix} \tag{6.16}$$

与此同时，

$$p(s_0,t_0)=t_0\left[s_0\cdot p(0,0)+(1.0-s_0)p(1,0)\right]+(1.0-t_0)\left[s_0\cdot p(1,0)+(1.0-s_0)p(1,1)\right] \tag{6.17}$$

与前面类似，可以写成如下矩阵形式：

$$p(s_0,t_0)=\left[t_0 \quad 1.0-t_0\right]M\left[s_0 \quad 1.0-s_0\right]^{\mathrm{T}} \tag{6.18}$$

其中，

$$M=\begin{bmatrix} p(0,0) & p(1,0) \\ p(0,1) & p(1,1) \end{bmatrix} \tag{6.19}$$

6.2　流形学习

流形[7-9]是局部具有欧几里得空间性质的空间，是高维空间中曲线、曲面概念的推广。直线是一维流形，曲线是二维流形，曲面是三维流形，而 n 维流形是 n-流形。在流形中，图（chart）是欧几里得空间中的一个重要概念，它与邻域有关。图册（Atlas）是一个局部欧几里得空间，是具有无穷连续性的拓扑集合。如果一个流形是光滑的，则称为光滑流形。流形包括解析流形（analytic manifold）、复流形（complex manifold）、欧几里得流形（Euclidean manifold）、拓扑流形（topological manifold）等。

利用欧几里得距离可以定义豪斯多夫空间（Hausdorff space）中的拓扑流形。拓扑空间具有拓扑基，而 n-流形有一个维数为 n 的可数基，因此拓扑流形是可数的。

两张图具有相容关系（compatible relationship），如果存在可逆函数 $\Psi^{-1}(\cdot)$和 $\Phi^{-1}(\cdot)$，使得 $x\in C_1$ 和 $y\in C_2$，$y=\Phi(x)$，$\Phi^{-1}\Phi(x)=x$，$\Psi^{-1}\Psi(x)=x$，$\Psi^{-1}\Phi\Psi(x)=\Phi(x)$且 $\Phi^{-1}\Psi\Phi(x)=\Psi(x)$。

同态（Homomorphism）是一种保持关系的映射：

$$\Phi(u\cdot v)=\Phi(u)\circ\Phi(v),\ \forall u,v\in A \tag{6.20}$$

映射前后所定义的运算得到了保留。

流形是同态的，这就意味着流形定义在一个连续域上。黎曼流形（Riemann manifold）是一种基于导数或切向量的光滑流形。流形的中心定义为集合 $C=\{x: ax=xa=0, x\in K, a\in A\}$。基于流形映射，如果有两个函数 $f(\cdot)$ 和 $g(\cdot)$，二者均为 C^{∞}，那么复合函数 $f\circ g\in C^{\infty}$。

流形学习在医学图像处理、数据压缩、数据降维、去噪等方面有着广泛的应用。主成分分析是一种线性降维方法，而流形学习则是一种非线性降维方法，可以用于去除噪声。数据降维技术被用来解决“维数灾难”（curse of dimensionality）问题。

主成分分析是一种正交线性变换，它将给定的数据变换到一个新的坐标系中，通过采用标量投影使得主成分的方差最大化。

原始向量 $\boldsymbol{x}$ 的主成分分解如下所示：

$$\boldsymbol{b}=\boldsymbol{x}\boldsymbol{A} \tag{6.21}$$

其中，$\boldsymbol{A}=(a_{ij})_{p\times p}$ 是权重矩阵，$p\in\mathbb{Z}$，$a_{ij}\in\mathbb{R}$。该变换将一个数据向量 $\boldsymbol{x}=(x_{ij})_{1\times p}$ 从原始空间转换到新空间中的向量 $\boldsymbol{b}=(b_{ij})_{l\times p}$，$x_{ij},b_{ij}\in\mathbb{R}$。如果 $0<l<p$，$l, p\in\mathbb{Z}$，则可以得到另一种映射：

$$\boldsymbol{b}_l=\boldsymbol{x}\boldsymbol{A}_l \tag{6.22}$$

其中，$\boldsymbol{A}_l=(a_{ij})_{p\times l}$，$\boldsymbol{b}_l=(b_{ij})_{1\times l}$，$a_{ij},x_{ij},b_{ij}\in\mathbb{R}$。

我们希望最小化如下平方重构误差（squared reconstruction error）：

$$\varepsilon=\|\boldsymbol{x}-\boldsymbol{x}_l\|_2^2>0 \tag{6.23}$$

其中，向量 $\boldsymbol{x}_l$ 的维数要比 $\boldsymbol{x}$ 低，即 $l<p$，所以保留了原始数据的主成分，还降低了原始数据的维数。

为了利用主成分分析通过协方差方法实现降维，我们需要计算协方差矩阵的特征向量和特征值

$$\boldsymbol{B} = \boldsymbol{X} - \boldsymbol{h}\boldsymbol{u}^{\mathrm{T}} \tag{6.24}$$

其中，$\boldsymbol{X}=(x_{ij})_{n\times p}$是一个由 n 个向量 $\boldsymbol{x}_i=(x_{ij})_{1\times p}$构成的矩阵，$\boldsymbol{h}=(h_{ij})_{1\times n}$，$h_{ij}=1$，$\boldsymbol{u}=(u_{ij})_{1\times p}$且

$$u_{1j} = \frac{1}{n}\sum_{i=1}^{n} x_{ij} \tag{6.25}$$

其中，$j=1, 2,\cdots, p$，$i=1, 2,\cdots, n$，$x_{ij}, u_{ij} \in R$。

根据矩阵 $\boldsymbol{B}$ 可以得到协方差矩阵 $\boldsymbol{C}$，即

$$\boldsymbol{C} = \frac{1}{n-1}\boldsymbol{B}^{\mathrm{H}}\boldsymbol{B} \tag{6.26}$$

其中，$\boldsymbol{B}^{\mathrm{H}}$表示计算矩阵 $\boldsymbol{B}$ 的共轭转置。因此，

$$\boldsymbol{V}^{-1}\boldsymbol{C}\boldsymbol{V} = \boldsymbol{\Lambda} = \mathrm{diag}(\lambda_1, \lambda_2, \cdots, \lambda_n) \tag{6.27}$$

其中，$\boldsymbol{V}$是由特征向量构成的矩阵，$\boldsymbol{\Lambda}$是由 $\boldsymbol{C}$ 的特征值构成的对角矩阵，$\lambda_i \neq 0$，$i=1, 2,\cdots, n$ 是特征值。也就是说，特征值满足以下特征多项式：

$$f(\lambda) = \det(\boldsymbol{C} - \lambda\boldsymbol{I}) = 0 \tag{6.28}$$

其中，$\boldsymbol{I}$是单位矩阵。

将特征值由大到小按降序排序，此时对应的特征向量的次序也会随之发生变化，因此采用下式来选择主成分：

$$\delta = \frac{\sum_{i=1}^{l} |\lambda_i|}{\sum_{i=1}^{p} |\lambda_i|} > 0,\ p \geqslant l > 0 \tag{6.29}$$

例如，若 $\delta>0.90$，λ_i，$i=1, 2,\cdots, l$ $(p\geqslant l>0)$是矩阵 $\boldsymbol{C}$ 的主要组成部分，则

$$\boldsymbol{V}_l^{-1}\boldsymbol{C}_l\boldsymbol{V}_l = \boldsymbol{\Lambda} = \mathrm{diag}(\lambda_1, \lambda_2, \cdots, \lambda_l) \tag{6.30}$$

其中，$\boldsymbol{V}_l$ 是由特征值 $\lambda_1, \lambda_2, \cdots, \lambda_l$ 对应的特征向量组成的矩阵。相应地，我们已经找到了 $l \in \mathbb{Z}^+$，满足 $\boldsymbol{b}_i = \boldsymbol{x}\boldsymbol{C}_l$，$\forall \boldsymbol{x}$。

在流形学习中，总是假设通过降维可以找到更低维的数据，并且假设最低维的数据隐含或嵌入在噪声数据中，这是利用流形进行机器学习的基点或前提。

在流形学习中，给定图 G，我们需要构造节点或顶点 x_i 与 x_j（$i, j=1, 2, \cdots, n$）之间的关系矩阵 $\boldsymbol{W}=\{w_{ij}\}$。给定一个包含训练样本的数据集 $\boldsymbol{X} = \{\boldsymbol{x}_i\}_{i=1}^n$，$\boldsymbol{x}_i \in \mathbb{R}^d$，$G=\langle \boldsymbol{X}, \boldsymbol{W}\rangle$ 是一个无向图，$\boldsymbol{W}=(w_{ij})_{n\times n}$ 是相似性矩阵或亲和矩阵（affinity matrix），$w_{ij} \in [0, 1]$ 满足

$$w_{ij} = \exp\left(-\frac{\| \boldsymbol{x}_i - \boldsymbol{x}_j \|^2}{\gamma_i \gamma_j}\right) \tag{6.31}$$

其中，$\gamma_i = \| \boldsymbol{x}_i - \boldsymbol{x}_j \|$ 是 $\boldsymbol{x}_i$ 的邻域中的数据样本的局部尺度，$\boldsymbol{x}_j$ 是 $\boldsymbol{x}_i$ 的 k-近邻。

图的拉普拉斯矩阵定义为

$$\boldsymbol{L} = \boldsymbol{D} - \boldsymbol{W} \tag{6.32}$$

其中，$\boldsymbol{D} = (d_{ij})_{n\times n}$，$d_{ii} = \sum_j w_{ij}$，$\forall i$。

对数据样本 $\{\boldsymbol{y}_i\}_{i=1}^n$，$\boldsymbol{y}_i \in \mathbb{R}^D$，$D \gg d$，基于特征谱（eigenspectrum）的降维方法是

$$\boldsymbol{L}\boldsymbol{y} = \lambda \boldsymbol{B}\boldsymbol{y} \tag{6.33}$$

其中，$\boldsymbol{y}\boldsymbol{B}\boldsymbol{y}^{\mathrm{T}} = \boldsymbol{I}$。因此可以通过下式得到 $\boldsymbol{y}^*$：

$$\boldsymbol{y}^* = \underset{\boldsymbol{y}\boldsymbol{B}\boldsymbol{y}^{\mathrm{T}}=\boldsymbol{I}}{\arg\min}\ \boldsymbol{y}\boldsymbol{L}\boldsymbol{y}^{\mathrm{T}} \tag{6.34}$$

给定一幅图，边的权重 $\boldsymbol{x}_i \in \mathbb{R}^d$ 及矩阵 $\boldsymbol{W} = (w_{ij})_{n\times n}$，则

$$\boldsymbol{L} = \boldsymbol{D} - \boldsymbol{W} \tag{6.35}$$

其中，$\boldsymbol{D}=(d_{ij})_{n\times n}$，$d_{ii}=\sum_j w_{ij}$，

$$w_{ij}=\begin{cases}\exp\left(-\dfrac{\|\boldsymbol{x}_i-\boldsymbol{x}_j\|^2}{2\sigma^2}\right), & \boldsymbol{x}_j\in\boldsymbol{N}(i)\\ 0 & ,\text{其他}\end{cases} \tag{6.36}$$

其中，w_{ij} 是高斯核，$\boldsymbol{N}(i)$是 $\boldsymbol{x}_i$ 的邻域。数据降维就是求解如下广义特征值和特征向量问题：

$$\boldsymbol{L}\boldsymbol{y}=\lambda\boldsymbol{D}\boldsymbol{y} \tag{6.37}$$

其中，$\boldsymbol{Y}=(\boldsymbol{y}_i)_n$ 是输出结果。

在 scikit-learn 网站上给出了一个流形学习的示例。这些方法是基于 Python 编程实现的，其中对一个瑞士卷进行数据降维的实例如图 6.1 所示。

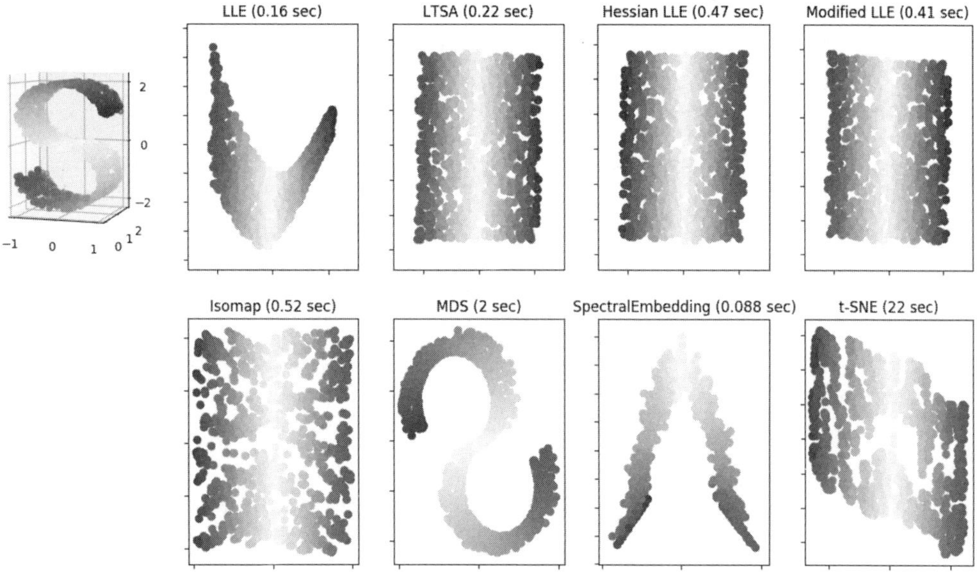

图 6.1　基于 Python 采用流形学习实现瑞士卷降维的实例

mathworks 网站上给出了一个 MATLAB 实现示例，可以用于演示流形学习中的拉普拉斯特征映射法，图 6.2 所示为低维几何图形的修复结果。

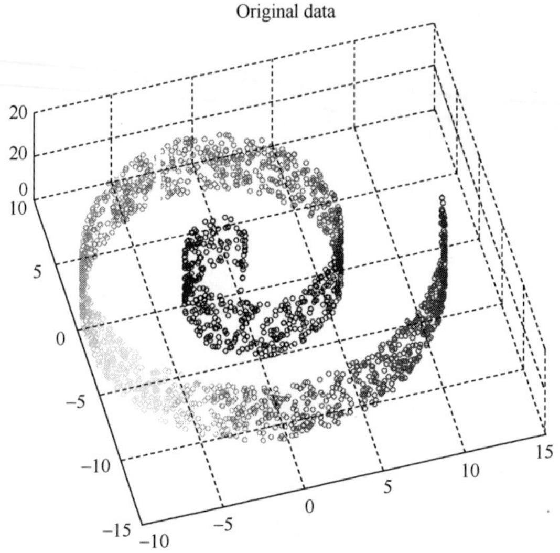

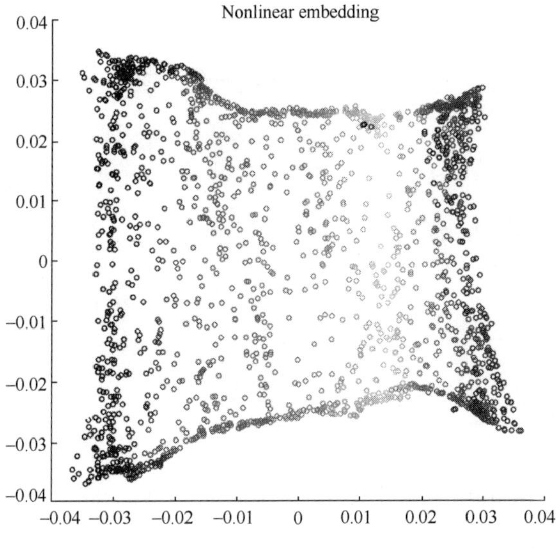

图 6.2　基于 MATLAB 实现流形学习中的拉普拉斯特征映射法(低维几何图形的修复结果)

6.3　思　考　题

问题 1．卷积神经网络与胶囊网络有什么区别？胶囊网络能给我们带来什么？

问题 2．胶囊网络的损失函数是什么？胶囊网络的挤压函数是什么？

问题 3．流形中的三个关键概念是什么？

问题 4．列举数据降维的典型算法，并说明它们之间的区别。

问题 5．为什么流形学习可以用于降维？

参 考 文 献

1. Sabour S, Frosst N, Geoffrey E, Hinton G (2017). Dynamic routing between capsules. In: Advances on neural information processing systems, USA.
2. Yao W, Zeng Z, Lian C, Tang H (2018). Pixel-wise regression using U-Net and its application on pansharpening. Neurocomputing 312:364–371.
3. Ronneberger O, Fischer P, Brox T (2015). U-Net: convolutional networks for biomedical image segmentation. In: International conference on medical image computing and computer-assisted intervention. Springer, pp 234–241.
4. Badrinarayanan V, Handa A, Cipolla R (2017). SegNet: a deep convolutional encoder-decoder architecture for robust semantic pixel-wise labelling. IEEE Trans Pattern Anal Mach Intell 39(12):2481–2495.
5. Simonyan K, Zisserman A (2015). Very deep convolutional networks for large-scale image recognition. In: International conference on learning representations.
6. Keys R (1981). Cubic convolution interpolation for digital image processing. IEEE Trans Acoust Speech Signal Process 29(6):1153–1160.
7. Zhu B, et al (2018). Image reconstruction by domain-transform manifold learning. Nature 555:487–492.
8. Zheng N, Xue J (2009). Statistical learning and pattern analysis for image and video processing. Springer, Berlin.
9. Tu L (2011). Introduction to manifold, 2nd edn. Springer, Berlin.

第 7 章 玻尔兹曼机

7.1 玻尔兹曼机概述

Hopfield 网络（Hopfield Network）是一种循环神经网络，可以认为是所有神经元都互相连接的不分层的神经网络，在网络结构上可以视为在一个等距离的圆上把所有的神经元节点相互连接起来。玻尔兹曼机[1]可以看成一种随机生成的 Hopfield 网络。

玻尔兹曼机是一种广义的“联结主义”方法，用来学习二值向量上的任意概率分布。我们在 d 维二值随机向量 $\boldsymbol{x} \in \{0,1\}^d$ 上定义玻尔兹曼机，可以建立如下基于能量的模型：

$$P(\boldsymbol{x}) = \frac{\exp(-E(\boldsymbol{x}))}{Z} \tag{7.1}$$

$$E(\boldsymbol{x}) = -\boldsymbol{x}\boldsymbol{U}^{\mathrm{T}}\boldsymbol{x} - \boldsymbol{b}^{\mathrm{T}}\boldsymbol{x} \tag{7.2}$$

其中，$E(\boldsymbol{x})$是能量函数，$Z(\cdot)$是确保$\sum_{\boldsymbol{x}} P(\boldsymbol{x})=1$的配分函数（partition function），$\boldsymbol{U}$是模型参数的权重矩阵，$\boldsymbol{b}$是偏置向量。

单元 $\boldsymbol{x}$ 还可以进一步分解两个子集：可见单元 $\boldsymbol{v}$ 和隐含单元 $\boldsymbol{h}$。能量函数变为

$$E(\boldsymbol{v},\boldsymbol{h}) = -\boldsymbol{v}^{\mathrm{T}}\boldsymbol{R}\boldsymbol{v} - \boldsymbol{v}^{\mathrm{T}}\boldsymbol{W}\boldsymbol{h} - \boldsymbol{h}^{\mathrm{T}}\boldsymbol{S}\boldsymbol{h} - \boldsymbol{b}^{\mathrm{T}}\boldsymbol{v} - \boldsymbol{c}^{\mathrm{T}}\boldsymbol{h} \tag{7.3}$$

玻尔兹曼机的全局能量 E 在形式上与 Hopfield 网络相同，数学表达式为

$$E \triangleq -\left(\sum_{i<j} w_{ij}s_i \cdot s_j + \sum_i \theta_i \cdot s_j\right) \tag{7.4}$$

其中，

- w_{ij} 是单元 j 与单元 i 之间的连接权重；
- s_i 是单元 i 的状态，$s_i \in \{0, 1\}$；
- θ_i 是全局能量函数中单元 i 的偏置；
- 由 w_{ij} 构成的权重矩阵 $\boldsymbol{W}=(w_{ij})_{N\times N}$ 是一个对称矩阵，其中对角线元素为 0；
- 第 i 个单元的概率为

$$P_i \triangleq \frac{1}{1+\exp\left(-\frac{E_i}{T}\right)} \tag{7.5}$$

7.2 受限玻尔兹曼机

受限玻尔兹曼机[2]进一步限定为可见单元之间及隐含单元之间没有连接的玻尔兹曼机，它由一个可见神经元层和一个隐含神经元层组成。而深度玻尔兹曼机[3, 4]则是一种具有多层隐含随机变量的二值成对马尔可夫随机场，是一种无向概率图模型。

受限玻尔兹曼机是一种难解的二分图（bipartite graph）结构的无向图模型，也是一种基于能量的模型，其能量函数由下式给出：

$$E(\boldsymbol{v},\boldsymbol{h}) = -\boldsymbol{v}^{\mathrm{T}}\boldsymbol{W}\boldsymbol{h} - \boldsymbol{b}^{\mathrm{T}}\boldsymbol{v} - \boldsymbol{c}^{\mathrm{T}}\boldsymbol{h} \tag{7.6}$$

受限玻尔兹曼机的联合概率分布由能量函数指定

$$P(\boldsymbol{v},\boldsymbol{h}) = \frac{\exp\left(-E(\boldsymbol{v},\boldsymbol{h})\right)}{Z} \tag{7.7}$$

其中，配分函数为

$$Z=\sum_{\boldsymbol{v}}\sum_{\boldsymbol{h}}\exp\left(-E(\boldsymbol{v},\boldsymbol{h})\right) \tag{7.8}$$

受限玻尔兹曼机[2]是一种生成式神经网络，它可以从输入数据集中学习概率分布。基于专家乘积（Product of Expert，POE）[5]的能量函数是

$$E(\boldsymbol{v},\boldsymbol{h})=-\sum_{ij}w_{ij}h_i v_j-\sum_j b_j v_j+\sum_i c_i h_i \tag{7.9}$$

其中，w_{ij} 是可见单元 v_i 和隐含单元 h_j 之间边的权重，b_i 为每个可见单元 v_i 的偏置，c_j 是每个隐含单元 h_j 的偏置。

各单元层的概率分别为

$$P(\boldsymbol{v})\triangleq\frac{\sum_{\boldsymbol{h}}\exp(-E(\boldsymbol{v},\boldsymbol{h}))}{\sum_{\boldsymbol{v},\boldsymbol{h}}\exp(-E(\boldsymbol{v},\boldsymbol{h}))} \tag{7.10}$$

$$P(\boldsymbol{h})\triangleq\frac{\sum_{\boldsymbol{v}}\exp(-E(\boldsymbol{v},\boldsymbol{h}))}{\sum_{\boldsymbol{v},\boldsymbol{h}}\exp(-E(\boldsymbol{v},\boldsymbol{h}))} \tag{7.11}$$

$$P(\boldsymbol{v},\boldsymbol{h})\triangleq\frac{\exp(-E(\boldsymbol{v},\boldsymbol{h}))}{\sum_{\boldsymbol{v},\boldsymbol{h}}\exp(-E(\boldsymbol{v},\boldsymbol{h}))} \tag{7.12}$$

因此，

$$P(\boldsymbol{v}|\boldsymbol{h})=\frac{\exp(-E(\boldsymbol{v},\boldsymbol{h}))}{\sum_{\boldsymbol{v}}\exp(-E(\boldsymbol{v},\boldsymbol{h}))} \tag{7.13}$$

损失函数为

$$L(\boldsymbol{\theta})=\prod_{\boldsymbol{v}}L(\boldsymbol{\theta}\mid\boldsymbol{v})=\prod_{v}P(\boldsymbol{v}),\qquad \boldsymbol{\theta}=(\boldsymbol{W},\boldsymbol{b},\boldsymbol{c}) \tag{7.14}$$

损失函数的导数为

$$\frac{\partial L(\boldsymbol{\theta})}{\partial \boldsymbol{\theta}}=\sum_{\boldsymbol{v}}\frac{\partial \ln L(\boldsymbol{\theta}\mid \boldsymbol{v})}{\partial \boldsymbol{\theta}}=\sum_{\boldsymbol{v}}\frac{\partial \ln P(\boldsymbol{v})}{\partial \boldsymbol{\theta}} \tag{7.15}$$

$$\ln P(\boldsymbol{v})=\ln\left(\sum_{\boldsymbol{h}}\exp(-E(\boldsymbol{v},\boldsymbol{h}))\right)-\ln\left(\sum_{\boldsymbol{v},\boldsymbol{h}}\exp(-E(\boldsymbol{v},\boldsymbol{h}))\right) \tag{7.16}$$

$$\frac{\partial L(\boldsymbol{\theta})}{\partial \boldsymbol{\theta}}=E_{P(\boldsymbol{h}|\boldsymbol{v})}\left(-\frac{\partial E(\boldsymbol{v},\boldsymbol{h})}{\partial \boldsymbol{\theta}}\right)-E_{P(\boldsymbol{h},\boldsymbol{v})}\left(-\frac{\partial E(\boldsymbol{v},\boldsymbol{h})}{\partial \boldsymbol{\theta}}\right) \tag{7.17}$$

根据式（7.9）所示的能量函数，可得：

$$\frac{\partial \ln P(\boldsymbol{v})}{\partial w_{ij}}=P(h_i=1\mid \boldsymbol{v})v_j-\sum_{\boldsymbol{v}}P(\boldsymbol{v})P(h_i=1\mid \boldsymbol{v})v_j \tag{7.18}$$

$$\frac{\partial \ln P(\boldsymbol{v})}{\partial b_j}=v_j-\sum_{v}P(\boldsymbol{v})v_j \tag{7.19}$$

$$\frac{\partial \ln P(\boldsymbol{v})}{\partial c_i}=P(h_i=1\mid \boldsymbol{v})-\sum_{\boldsymbol{v}}P(\boldsymbol{v})P(h_i=1\mid \boldsymbol{v}) \tag{7.20}$$

受限玻尔兹曼机是 Geoffrey Hinton 提出来的，主要用于无监督学习。受限玻尔兹曼机的目标是通过只使用两层（即可见层和隐含层）重构输入来寻找数据中隐含的模式。找到受限玻尔兹曼机的 MATLAB 和 Python 实现源代码很容易，如 scikit-learn 网站上给出了如何采用受限玻尔兹曼机来提高分类精度的示例。

7.3 深度玻尔兹曼机

深度玻尔兹曼机[3, 4]是一种具有多层隐含随机变量的二值成对马尔可夫随机场，它是一种对称耦合的随机二值单元的网络。

深度玻尔兹曼机是一种基于能量的模型，这意味着模型变量的联合概率分布由能量函数 E 参数化。在一个深度玻尔兹曼机包含一个可见层 $\boldsymbol{v}$ 和 3 个隐含层 $\boldsymbol{h}^{(1)}$、$\boldsymbol{h}^{(2)}$和 $\boldsymbol{h}^{(3)}$的情况下，其能量函数定义如下：

$$E(\boldsymbol{v},\boldsymbol{h};\boldsymbol{\theta})=-\boldsymbol{v}^{\mathrm{T}}\boldsymbol{W}^{(1)}\boldsymbol{h}^{(1)}-\boldsymbol{h}^{(1)\mathrm{T}}\boldsymbol{W}^{(2)}\boldsymbol{h}^{(2)}-\boldsymbol{h}^{(2)\mathrm{T}}\boldsymbol{W}^{(3)}\boldsymbol{h}^{(3)} \tag{7.21}$$

其中，$\boldsymbol{h}=\{\boldsymbol{h}^{(1)}, \boldsymbol{h}^{(2)}, \boldsymbol{h}^{(3)}\}$是隐含层的集合。

模型变量的联合概率分布由下式给出：

$$P(\boldsymbol{v},\boldsymbol{h})=\frac{1}{Z(\boldsymbol{\theta})}\exp(-E(\boldsymbol{v},\boldsymbol{h}^{(1)},\boldsymbol{h}^{(2)},\boldsymbol{h}^{(3)};\boldsymbol{\theta})) \tag{7.22}$$

分配给可见单元层 $\boldsymbol{v}$ 的概率为

$$P(\boldsymbol{v})=\frac{1}{Z}\sum_{\boldsymbol{h}}\exp\left(\sum_{ij}(w_{ij}^{(1)}v_i h_j^{(1)})+\sum_{jl}(w_{jl}^{(2)}h_j^{(1)}h_l^{(2)})+\sum_{lm}(w_{lm}^{(3)}h_l^{(2)}h_m^{(3)})\right) \tag{7.23}$$

其中，$\boldsymbol{W}=\{\boldsymbol{W}^{(1)}, \boldsymbol{W}^{(2)}, \boldsymbol{W}^{(3)}\}$是模型的参数，$P(h_i|\boldsymbol{v})$和 $P(v_i|\boldsymbol{h})$是彼此相互独立的，且有

$$P(\boldsymbol{h}\,|\,\boldsymbol{v})=\sigma\left(\sum_j w_{ij}\cdot v_j+c_i\right) \tag{7.24}$$

其中，$\sigma(x)=1/(1+\exp(-x))$，并且根据层内的单元彼此条件独立，可得

$$\begin{cases}P(\boldsymbol{h}\,|\,\boldsymbol{v})=\prod_i P(h_i\,|\,\boldsymbol{v})\\ P(\boldsymbol{v}\,|\,\boldsymbol{h})=\prod_i P(v_i\,|\,\boldsymbol{h})\end{cases} \tag{7.25}$$

在具有 2 个隐含层的情况下，激活概率由下式给出：

$$P(v_i=1\,|\,\boldsymbol{h}^{(1)})=\sigma(\boldsymbol{W}_{i,:}^{(1)},\boldsymbol{h}^{(1)}) \tag{7.26}$$

$$P(h_i^{(1)}=1|\boldsymbol{v},\boldsymbol{h}^{(2)})=\sigma(\boldsymbol{v}^{\mathrm{T}}\boldsymbol{W}_{:,i}^{(1)}+\boldsymbol{W}_{i,:}^{(2)}\boldsymbol{h}^{(2)}) \tag{7.27}$$

$$P(h_k^{(2)}=1\,|\,\boldsymbol{h}^{(1)})=\sigma(\boldsymbol{h}^{(1)}\boldsymbol{W}_{:,k}^{(2)}) \tag{7.28}$$

深度玻尔兹曼机可以理解为含有受限玻尔兹曼机的多层感知器（Multilayer Perceptron，MLP）。深度信念网络被认为是贝叶斯信念网络[6, 7]与深度玻尔兹曼机的结合。在机器学习中，

$$\boldsymbol{Y}=F(\boldsymbol{X},\boldsymbol{\theta}) \tag{7.29}$$

其中，$\boldsymbol{\theta}$是参数向量，$\boldsymbol{X}$是输入，$\boldsymbol{Y}$为带标签的数据集。

$$E_A(\boldsymbol{\theta})=\frac{1}{N}\sum_{i=1}^{N}E(\boldsymbol{x}_i,\boldsymbol{d}_i,\boldsymbol{\theta}) \tag{7.30}$$

其中，$\{(\boldsymbol{x}_i, \boldsymbol{d}_i)\}$是训练集，$\boldsymbol{x}_i\in\boldsymbol{X}$, $\boldsymbol{d}_i\in\boldsymbol{D}$。那么参数更新可以采用如下形式：

$$\boldsymbol{\theta}_{k+1}:=\boldsymbol{\theta}_k-\varepsilon\cdot\frac{\partial E(\boldsymbol{\theta})}{\partial\boldsymbol{\theta}},\quad k=1,2,\cdots \tag{7.31}$$

7.4 概率图模型

图模型（graphical model）无处不在，它不是深度学习，却比深度学习模型要广泛得多。图有两种类型：有向图（directed graphs）和无向图（undirected graphs）。贝叶斯网络和隐马尔可夫模型是有向图模型，而马尔可夫随机场是一种典型的无向图模型。事实上，还有基于模板的图模型（template-based graphical models），需要在其中创建和填充相关内容。基于模板的图模型是通用的，并不是特定与具体的。与此同时，生成式模型需要创建一个新的模型，判别式模型要求调整或修改模型以满足我们的需求，而混合模型则将这些模型组合在一起。

变量包括目标变量（输出）、可观测变量（输入）和潜变量（隐含）。推理包括精确推理和近似推理。不确定性是机器学习中的一个经典概念。图推理可以帮助我们从已知推测未知。推理还可以帮助我们检验模型，找出模型的灵敏度和误差。

为什么要研究图模型呢？因为图模型是一种可视化概率模型结构的简单方法，可以用来设计和启发新的模型[5]。

在图模型中有各种各样的表征方式，需要我们找出哪种才是解决问题的最佳模型。在图模型中，还涉及参数学习、特征学习和知识学习等问题。我们可以通过审视图来获得对图模型属性（包括条件独立属性）的深入了解。复杂的计算，如需要在复杂的模型中进行推理和学习，可以用图操作来表示，其中潜在的数学表达式被隐含地执行。

贝叶斯定理是现代模式分类的基石[8]，它可以从先验概率、似然性和证据推理出某种类别的后验概率。

贝叶斯模型是机器学习中一种简单而高效的模式分类方法。联合概率为

$$P(G,S,R)=P(G\mid S,R)\cdot P(S\mid R)\cdot P(R) \tag{7.32}$$

条件概率为

$$P(G{=}T\mid R=T)=\frac{P(R=T,G{=}T)}{P(R=T)}=\frac{P(G=T,S,R{=}T)}{P(G=T,S,R)} \tag{7.33}$$

朴素贝叶斯模型是一类基于贝叶斯定理的简单概率分类器，在特征之间具有强（朴素）假设。朴素贝叶斯模型已被应用于根据邮件中出现的词语进行垃圾邮件分类的工作。

影响图[9, 10]是一种用于不确定性决策的决策理论图框架，贝叶斯网络是一种有向无环图（Directed Acyclic Graph，DAG）。

马尔可夫随机场[4]是一种具有概率分布的无向图。因子图（factor graphs）包括贝叶斯网络和马尔可夫网络。因子分解（factorization）是图中团与因子的乘积[5]。

$$P(X=x)=\frac{1}{Z}\exp\sum_{k}\sum_{i=1}^{N_k}w_{ki}f_{ki}(x_{\{k\}}) \tag{7.34}$$

且

$$Z=\sum_{x\in X}\exp\left(\sum_{k}\sum_{i=1}^{N_k}w_{ki}f_{ki}(x_{\{k\}})\right) \tag{7.35}$$

我们称一个分布 P_Φ 是由一组因子 $\Phi=(\phi_1(D1),\cdots,\phi_K(D_K))$参数化的吉布斯分布（Gibbs distribution），如果它可以定义为

$$P_\Phi(X_1,\cdots,X_n)=\frac{1}{Z}\phi_1(D_1)\times\cdots\times\phi_m(D_m) \tag{7.36}$$

其中，$Z=\sum_{X_1,X_2,\cdots,X_n}\phi_1(D_1)\times\cdots\times\phi_m(D_m)$是一个称为配分函数的规范化常数。

条件随机场（Conditional Random Field，CRF）是一种无向图[11, 12]，该网络利用一组因子$\phi_1(D_1),\cdots,\phi_m(D_m)$进行注释，刻画条件分布的网络如下所示：

$$P(Y|X)=\frac{1}{Z}\prod_{i=1}^{m}\phi_i(Y_i,Y_{i+1}) \tag{7.37}$$

且

$$Z=\sum_{Y}\prod_{i=1}^{m}\phi_i(X_i,Y_i) \tag{7.38}$$

$X=\{X_1,X_2,\cdots,X_n\}$，$Y=\{0,1\}$上的一个条件随机场为

$$\phi_i(X_i,Y)=\exp\left(w_i\boldsymbol{I}(X_i=1,Y=1)\right) \tag{7.39}$$

且

$$P(Y=1|x_1,\cdots,x_k)=\sigma\left(w_0+\sum_{i=1}^{k}w_ix_i\right) \tag{7.40}$$

其中，$\sigma(\cdot)$是 sigmoid 函数。

Logistic 条件概率分布为

$$P(Y=1|X_1,\cdots,X_n)=\sigma\left(w_0+\sum_{i=1}^{N}w_i\right) \tag{7.41}$$

可以看出，Logistic 分布只有“0”和“1”两种标签。

线性或多元高斯分布（multivariate Gaussian distribution）为

$$\boldsymbol{P}(\boldsymbol{Y}|\boldsymbol{x})=\boldsymbol{N}(\boldsymbol{\beta}_0+\boldsymbol{\beta x};\boldsymbol{\sigma}^2) \tag{7.42}$$

条件贝叶斯网络为

$$\boldsymbol{P}(\boldsymbol{Y}|\boldsymbol{X})=\sum_{\boldsymbol{Z}}\boldsymbol{P}(\boldsymbol{Y},\boldsymbol{Z}|\boldsymbol{X})=\prod_{\boldsymbol{X}\in\boldsymbol{Y}\cup\boldsymbol{Z}}\boldsymbol{P}(\boldsymbol{X}|P_{\boldsymbol{X}}) \tag{7.43}$$

多元高斯分布为

$$\boldsymbol{P}(\boldsymbol{X})=\frac{1}{(2\pi)^{(n/2)}|\boldsymbol{\Sigma}|^{1/2}}\exp((\boldsymbol{X}-\boldsymbol{\mu})^{\mathrm{T}}\boldsymbol{\Sigma}^{-1}(\boldsymbol{X}-\boldsymbol{\mu})) \tag{7.44}$$

$\{\boldsymbol{X},\boldsymbol{Y}\}$上的联合正态分布是 $P(\boldsymbol{X},\boldsymbol{Y})\sim \boldsymbol{N}(\boldsymbol{\mu},\boldsymbol{\Sigma})$，

$$\boldsymbol{\mu}_{(n+m)\times 1}=\begin{pmatrix}(\boldsymbol{\mu}_{\boldsymbol{X}})_{n\times 1}\\(\boldsymbol{\mu}_{\boldsymbol{Y}})_{m\times 1}\end{pmatrix} \tag{7.45}$$

且

$$\boldsymbol{\Sigma}_{(n+m)\times(n+m)}=\begin{pmatrix}(\boldsymbol{\Sigma}_{\boldsymbol{XX}})_{n\times n} & (\boldsymbol{\Sigma}_{\boldsymbol{XY}})_{n\times m}\\(\boldsymbol{\Sigma}_{\boldsymbol{YX}})_{m\times n} & (\boldsymbol{\Sigma}_{\boldsymbol{YY}})_{m\times m}\end{pmatrix} \tag{7.46}$$

对高斯贝叶斯网络，如果

$$\boldsymbol{P}(\boldsymbol{Y}\,|\,\boldsymbol{x})\sim \boldsymbol{N}(\boldsymbol{\beta}_0+\boldsymbol{\beta}^{\mathrm{T}}\boldsymbol{x};\boldsymbol{\sigma}^2) \tag{7.47}$$

那么

$$\boldsymbol{P}(\boldsymbol{Y})\sim \boldsymbol{N}(\boldsymbol{\mu}_Y;\boldsymbol{\sigma}_Y^2) \tag{7.48}$$

$$\boldsymbol{\mu}_Y=\boldsymbol{\beta}_0+\boldsymbol{\beta}^{\mathrm{T}}\boldsymbol{x} \tag{7.49}$$

且

$$\boldsymbol{\sigma}_Y^2=\boldsymbol{\sigma}^2+\boldsymbol{\beta}^{\mathrm{T}}\boldsymbol{\Sigma}\boldsymbol{\beta} \tag{7.50}$$

条件密度为

$$\boldsymbol{P}(\boldsymbol{Y}\,|\,\boldsymbol{X})\sim \boldsymbol{N}(\boldsymbol{\beta}_0+\boldsymbol{\beta}^{\mathrm{T}}\boldsymbol{X};\boldsymbol{\sigma}^2) \tag{7.51}$$

其中，

$$\boldsymbol{\beta}_0=\boldsymbol{\mu}_{\boldsymbol{Y}}\boldsymbol{\Sigma}_{\boldsymbol{YX}}\boldsymbol{\Sigma}_{\boldsymbol{XX}}^{-1}\boldsymbol{\mu}_{\boldsymbol{X}} \tag{7.52}$$

$$\boldsymbol{\beta}=\boldsymbol{\Sigma}_{\boldsymbol{XX}}^{-1}\boldsymbol{\Sigma}_{\boldsymbol{YX}} \tag{7.53}$$

且

$$\boldsymbol{\sigma}^2 = \boldsymbol{\Sigma}_{YY} - \boldsymbol{\Sigma}_{YX}\boldsymbol{\Sigma}_{XX}\boldsymbol{\Sigma}_{XY} \tag{7.54}$$

高斯分布是

$$P(x) = \frac{1}{\sqrt{2\pi}\sigma}\exp\left\{-\frac{(x-\mu)^2}{2\sigma^2}\right\} \tag{7.55}$$

可以把它概括为

$$P(x) = \frac{1}{Z(\mu,\sigma^2)}\exp(\langle \boldsymbol{t}(\theta), \boldsymbol{\tau}(x)\rangle) \tag{7.56}$$

其中，$\boldsymbol{\tau}(x) = (x, x^2)^{\mathrm{T}}$，$t(\mu,\sigma^2) = \left(\frac{\mu}{\sigma^2}, -\frac{1}{2\sigma^2}\right)^{\mathrm{T}}$。

$$Z(\mu,\sigma^2) = \sqrt{2\pi}\sigma\exp\left(\frac{\mu^2}{2\sigma^2}\right) \tag{7.57}$$

线性指数族（linear exponential families）是指

$$P_\theta(x) = \frac{1}{Z(\theta)}\exp(\langle t(x), \theta\rangle) \tag{7.58}$$

其中，

$$\Theta = \left\{\theta \in R^k, \int \exp(\langle t(x), \theta\rangle)\mathrm{d}x < \infty\right\} \tag{7.59}$$

指数因子族（exponential factor family）是指

$$\Phi_\theta(x) = A(x)\exp(\langle t(\theta), \tau(x)\rangle) \tag{7.60}$$

并且

$$P_\theta(x) \infty \prod_i \phi_{\theta_i}(x) = \prod_i A_i(x)\exp\left(\sum_i \langle t_i(\theta_i), \tau_i(x)\rangle\right) \tag{7.61}$$

贝叶斯网络可以写成如下对应方式：

$$P(x \mid u) = \exp(t_{P(\boldsymbol{X}|\boldsymbol{U})}(\theta), \tau_{P(\boldsymbol{X}|\boldsymbol{U})}(x, u)) \tag{7.62}$$

熵为

$$H(X)=\ln Z(\theta)-\langle E(\tau(X)),t(\theta)\rangle \tag{7.63}$$

相对熵为

$$\mathrm{D}(P_{\theta_1}\|P_{\theta_2})=E_{P(\theta_1)}\left[\ln\left(\frac{P_{\theta_1}(X)}{P_{\theta_2}(X)}\right)\right]=-\ln\frac{Z(\theta_1)}{Z(\theta_2)}+\langle E_{P(\theta_1)}(\tau(X)),t(\theta_1)-t(\theta_2)\rangle \tag{7.64}$$

信息投影（information projection）为

$$Q^I=\arg\min_{Q\in L}D(Q\|P) \tag{7.65}$$

矩投影（moment projection）为

$$Q^M=\arg\min_{Q\in L}D(P\|Q) \tag{7.66}$$

如果 G_ϕ 是一个空图（empty graph），$Q^M=\arg\max_{Q\in G_\phi}D(P\|Q)$，那么

$$Q^M(X_1,X_2,\cdots,X_n)=P(X_1)P(X_2)\cdots P(X_n) \tag{7.67}$$

从而有

$$D(P\|Q)=-H_P(X)+E_P[\ln(Q(X))]\geqslant D(P\|Q^M) \tag{7.68}$$

此外，当且仅当 $Q_i(X)=P_i(X)$时，有

$$D(P\|Q)=D(P\|Q^M) \tag{7.69}$$

也就是 $Q=Q^M$，另外，

$$D(P\|Q_\theta)-D(P\|Q_{\theta'})=D(Q_{\theta'}\|Q_\theta)\geqslant 0 \tag{7.70}$$

7.5 思考题

问题 1. 受限玻尔兹曼机的目的和特点是什么？为什么深度玻尔兹曼机可以看成含有受限玻尔兹曼机的多层感知器？

问题 2. 什么是有向图和无向图？给每种类别各举一个例子。

问题 3. 马尔可夫随机场和条件随机场有什么区别？

问题 4. 什么是线性指数族？举一个例子。

问题 5. 相对熵、信息投影与矩投影之间有什么联系？

参考文献

1. Ackley D, Hinton G, Sejnowski T (1987). A learning algorithm for Boltzmann machines. In: Readings in computer vision, pp 522–533.
2. Fischer A, Igel C (2012). An introduction to restricted Boltzmann machines. In: Iberoamerican congress on pattern recognition, pp 14–36.
3. Blake A, Rother C, Brown M, Perez P, Torr P (2004). Interactive image segmentation using an adaptive GMMRF model. In: European conference on computer vision. Springer, pp 428–441.
4. Li S (2009). Markov random field modeling in image analysis. Springer, Berlin.
5. Koller D, Friedman N (2009). Probabilistic graphical models. MIT Press, Cambridge.
6. Hinton G, Osindero S, Teh Y (2006). A fast learning algorithm for deep belief nets. Neural Comput 18(7):1527–1554.
7. Sarikaya R, Hinton G, Deoras A (2014). Application of deep belief networks for natural language understanding. IEEE/ACM Trans Audio Speech Lang Process 22(4):778–784.
8. Goodfellow I, Bengio Y, Courville A (2016). Deep learning. MIT Press,

Cambridge.

9. Ertel W (2017). Introduction to artificial intelligence. Springer, New York.

10. Norvig P, Russell S (2016). Artificial intelligence: a modern approach, 3rd edn. Prentice Hall, Upper Saddle River.

11. Chen L, Papandreou G, Kokkinos I, Murphy K, Yuille AL (2018). DeepLab: semantic image segmentation with deep convolutional nets, atrous convolution, and fully connected CRFs. IEEE Trans Pattern Anal Mach Intell 40(4): 834–848.

12. Zheng S, Jayasumana S, Romera-Paredes B, Vineet V, Su Z, Du D, Torr P (2015). Conditional random fields as recurrent neural networks. In: IEEE ICCV, pp 1529–1537.

第 8 章　迁移学习与集成学习

8.1　迁 移 学 习

8.1.1　迁移学习的定义

本章将介绍如何使用训练好的参数测试一个新模型。我们希望借助迁移学习节省模型训练的时间和成本。经过迁移学习，得到的新模型表现或好或坏，因此为提高模型的性能，还必须在新的数据集上对模型进行再训练。

迁移学习是机器学习中一种新的学习范式，用于改变训练目标。重用以前训练过的模型，可以节省计算资源。过去几年出现了大量的深度学习方面的研究工作，其中荣获 2018 年 IEEE CVPR 最佳论文奖的 *Taskonomy* 就是聚焦迁移学习的。在迁移学习中，需要重点考虑的问题是，什么是迁移学习？迁移什么？何时迁移？如何迁移？

迁移学习是一种机器学习方法，其中为某项任务而开发的模型被重用作为其他项任务模型的起点。迁移学习从一项任务（称为源任务，source task）中提取知识（如参数、特征、样本、实例等）并将其应用到新的任务（称为目标任务，target task）中[1]。迁移学习以其模型的独特性和参数的可获得性而著称，经过简单调整后，便可以确定模型的参数，并将其应用于新的任务。

在迁移学习中，与发现的知识相对应，有样本迁移、实例迁移、参数迁移、特征迁移等。根据可用的标签和领域知识，可以将迁移学习区分为不同的类别，如监督学习、非监督学习及强化学习。迁移 AdaBoost（TrAdaBoost）就是其中一个典型的例子。

受源任务和目标任务的限制，迁移学习允许域 $\boldsymbol{D}$、任务 $\boldsymbol{T}$ 及在训练与测试过程中所使用的数据的分布不相同。因为域是不同的，所以任务也会不相同。

给定域 $\boldsymbol{D}=\{\boldsymbol{X},P(X),X\in\boldsymbol{X}\}$，$\boldsymbol{D}_S\neq\boldsymbol{D}_T$ 意味着 $\boldsymbol{X}_S\neq\boldsymbol{X}_T$ 或 $P(X_S)\neq P(X_T)$。

给定任务 $\boldsymbol{T}=\{\boldsymbol{Y},P(Y\mid X),Y\in\boldsymbol{Y}\}$，$\boldsymbol{T}_S\neq\boldsymbol{T}_T$ 意味着 $\boldsymbol{Y}_S\neq\boldsymbol{Y}_T$ 或 $P(Y_S\mid X_S)\neq P(Y_T\mid X_T)$。

- 如果 $\boldsymbol{D}_S=\boldsymbol{D}_T$，那么 $\boldsymbol{T}_S=\boldsymbol{T}_T$。
- 如果 $\boldsymbol{D}_S\neq\boldsymbol{D}_T$，那么 $\boldsymbol{T}_S\neq\boldsymbol{T}_T$ 或 $P(X_S)\neq P(X_T)$。
- 如果 $\boldsymbol{T}_S\neq\boldsymbol{T}_T$，那么 $\boldsymbol{Y}_S\neq\boldsymbol{Y}_T$ 或 $P(Y_S\mid X_S)\neq P(Y_T\mid X_T)$，$Y_S\in\boldsymbol{Y}_S$，$Y_T\in\boldsymbol{Y}_T$。

迁移学习方法可以分为归纳式迁移学习、直推式迁移学习和无监督迁移学习（聚类）三种类型，它们的域、任务和算法都是不同的。相应地，迁移学习有多种实现方式，包括基于样本的迁移学习、基于特征的迁移学习及基于参数的迁移学习等。

归纳式迁移学习（inductive transfer learning）[1]的目的是利用源域 $\boldsymbol{D}_S$ 和源任务 $\boldsymbol{T}_S$ 的知识来帮助提升目标域 $\boldsymbol{D}_T$ 中的预测函数 $f_T(\cdot)$ 的学习，其中 $\boldsymbol{T}_S\neq\boldsymbol{T}_T$。在归纳式迁移学习中，主要迁移样本、知识和参数。

直推式迁移学习（transductive transfer learning）[1]是指在训练阶段所有的测试数据都是可见的，并且学到的模型并不能用于将来的数据。直推式迁移学习可以用于知识和参数传递。

直推式迁移学习的目的是利用源域 $\boldsymbol{D}_S$ 和源任务 $\boldsymbol{T}_S$ 的知识来帮助提升目标域 $\boldsymbol{D}_T$ 中的目标预测函数 $f_T(\cdot)$ 的学习，其中 $\boldsymbol{D}_S\neq\boldsymbol{D}_T$ 且 $\boldsymbol{T}_S=\boldsymbol{T}_T$。

无监督迁移学习（unsupervised transfer learning，聚类或降维）[1]的目的也是利用源域 $\boldsymbol{D}_S$ 和源任务 $\boldsymbol{T}_S$ 的知识来帮助提升目标域 $\boldsymbol{D}_T$ 中目标预测函数 $f_T(\cdot)$ 的学习，其中 $\boldsymbol{T}_S\neq\boldsymbol{T}_T$，$\boldsymbol{Y}_S$ 和 $\boldsymbol{Y}_T$ 是不可见的，而且在训练阶段源域和

目标域的数据均没有标签。

对于迁移学习来说，除需要训练数据和训练算法外，还需要有一个神经网络。在网络训练时，应该指定训练的选项。大多数情况下都需要训练数据，这就需要大量的训练数据采集和数据增广。训练速率与网络的收敛速度及网络的最终训练参数有关。

在迁移学习中，我们需要估计和评价迁移学习的结果，以便确保能够得到更好的结果。

8.1.2　Taskonomy

IEEE CVPR 2018 中的论文 *Taskonomy: Disentangling Task Transfer Learning*[2]被授予最佳论文奖。taskonomy 是 task（任务）和 taxonomy（分类论）的合并简称，是一项量化不同视觉任务之间的关联性并利用这些关联性来优化学习策略的研究。在该工作中，taskonomy 由以下四个步骤来创建：

第 1 步　特定任务建模，为每项特定的任务从头开始学习得到一个神经网络；

第 2 步　迁移建模，训练源任务与目标任务之间所有可行的迁移；

第 3 步　序数归一化，对表征任务之间关联性的关联矩阵进行规范化处理；

第 4 步　计算全局 taskonomy，合成一个超图，该图可以预测各种迁移策略的性能，并且对关联矩阵进行优化，以便求得最优的迁移策略。

在 taskonomy 中，迁移操作是通过训练一个称为读数函数（readout function）的浅层神经网络 $D_{s\to t}$，从而将源任务的冻结编码的表征映射到目标任务的标签。

给定一项源任务 $s\in\boldsymbol{S}$ 和一项目标任务 $t\in\boldsymbol{T}$，将以 s 的统计计算作为输入来学习 t。迁移网络学习的目标就是求解使损失 L_t 最小的函数 $D_{s\to t}$，即

$$D_{s\to t}=\arg\min_{\theta} E_{I\in D}(L_t(D_\theta(E_s(I)),f_t(I)))\tag{8.1}$$

其中，$E_s(I)$是图像 I 在 s 的统计表征（编码），$f_t(I)$是图像 I 的标注（ground truth），$D_{s\to t}$通过最小化损失 L_t 得到的 $\theta_{s\to t}$ 进行参数化。

8.2 孪生网络

与迁移学习不同，孪生网络通常用于寻找相似性或者两个可比较的事物之间关系的任务，如手写检查、人脸识别、目标跟踪和相似文档匹配等。相似性度量是基于一对孪生网络来开展的。孪生网络的目标是输出每幅图像的特征向量，使相似图像的特征向量相似、不同图像的特征向量不同。这样，网络就可以区分两幅输入图像。孪生网络在对象类别非常多、但每种类别数据量很少的情况下特别有用。另外，孪生网络也可以用于降维。

孪生网络是一种深度学习网络，它使用两个或多个结构相同、参数与权值共享的子网络。通过孪生网络，两个输入向量分别得到两个输出向量，其中一个输出向量视为基准，通过计算两个输出向量的距离来度量两个输入向量的相似性，损失函数采用平方欧几里得距离。孪生网络的目标是使同类样本对的距离最小、不同类样本对的距离最大，即

$$L(\boldsymbol{x}_i,\boldsymbol{x}_j)=\begin{cases}\min\left(\left\|f(\boldsymbol{x}_i)-f(\boldsymbol{x}_j)\right\|_2\right), & \boldsymbol{x}_i=\boldsymbol{x}_j\\ \max\left(\left\|f(\boldsymbol{x}_i)-f(\boldsymbol{x}_j)\right\|_2\right), & \boldsymbol{x}_i\neq\boldsymbol{x}_j\end{cases}\tag{8.2}$$

对半孪生网络（half-twin network）来说，有

$$L(\boldsymbol{x}_i,\boldsymbol{x}_j)=\begin{cases}\min\left(\left\|f(\boldsymbol{x}_i)-g(\boldsymbol{x}_j)\right\|_2\right) & \boldsymbol{x}_i=\boldsymbol{x}_j\\ \max\left(\left\|f(\boldsymbol{x}_i)-g(\boldsymbol{x}_j)\right\|_2\right) & \boldsymbol{x}_i\neq\boldsymbol{x}_j\end{cases}\tag{8.3}$$

其中，i 和 j 是来自同一个数据集的输入向量的索引，$f(\cdot)$和 $g(\cdot)$分别是孪生网络和半孪生网络的得分函数（scoring functions）。一般来说，损失函数通常近似为线性空间的马氏距离：

$$L(\boldsymbol{x}_i,\boldsymbol{x}_j)=(\boldsymbol{x}_i-\boldsymbol{x}_j)^{\mathrm{T}}\boldsymbol{M}(\boldsymbol{x}_i-\boldsymbol{x}_j)\tag{8.4}$$

其中，$\boldsymbol{M}$ 是来自孪生网络的一个矩阵。

降维后的特征使得网络能够分辨出图像之间是否相似。MATLAB 提供了通过降维来比较图像相似性的孪生网络实例。

孪生网络对输入图像进行降维处理，并输出具有相同标签的降维图像，该网络能够区分相似和不相似的图像。孪生网络由于具有双输入和相似性度量的特点，因此可以用于计算机视觉的目标跟踪任务[3]。利用孪生网络来度量样本与图像中各搜索区域之间的相似度，就可以生成相似性得分图。

跟踪目标可以视为学习相似性问题。如果孪生网络被选中作为跟踪网络[3, 4]，那么算法只能实现单目标跟踪。但是，孪生网络还可以与其他深度学习算法相结合，如全连接神经网络、区域生成网络、长短期记忆网络等。例如，SiamRPN+LSTM 算法就具有很高的多目标跟踪精度（Multiple Object Tracking Accuracy，MOTA）。

8.3　集成学习

在机器学习中，通常仅仅使用一个分类器是不够的，因为单个分类器无法保证在各个方面的表现都比较完美，多个分类器一起工作将会获得更好的分类结果。较弱的分类器通过集成学习将会变得更强大，不过每个弱分类器的分类精度至少应在 50%以上，较强一些的分类器应该超过 50%。

集成学习方法包括平均法、加权平均法和绝对多数投票法（majority voting）。其中，平均法是一种对不同分类器输出的所有预测结果进行简单平均的方法。加权平均是赋予每个分类器与其性能有关的权重。在绝对多数投票法中，预测结果为得票最多的类。

一组不同的学习器得到的决策结果可能有所不同，它们可以互相取长补短[5]。我们可以集成多个学习器来做决策，从而让自己解放出来，常用的集成方法有：从给定的样本或训练数据集中随机抽取训练集（如装袋算法等）；进一步训练初级学习器（如提升算法、级联算法等）；整合多个专家。

$$y = f(d_1, d_2, \cdots, d_L \mid \Phi) \tag{8.5}$$

$$c = \underset{i=1,2,\cdots,K}{\arg\max}\, y_i \tag{8.6}$$

其中，$f(\cdot)$是一个复合函数，Φ 是其参数，c 是返回的类别数量。分类器组合的操作包括 $\Sigma(\cdot)$ 、$\max(\cdot)$、$\min(\cdot)$、$\Pi(\cdot)$ 和简单投票 $w_i=w_j \in \{0, 1\}$。如果使用 $\Sigma(\cdot)$ 操作组合分类器，则集成的分类器可以表示为

$$y_i = \sum_j w_j d_{ji}, \sum_j w_j = 1, \quad w_j \geqslant 0 \tag{8.7}$$

将分类器组合在一起有多种方法，实际应用时将决定采取哪种组合方式更合适。

堆叠（stacking）是指堆叠标准化，其中所有的类都有相同的属性。堆叠就是将多个模型和多个属性组合在一起。堆叠通过元模型（meta-model）来集成多个模型[5]，元模型的训练是基于弱分类器的输出进行的。堆叠可以获得比单个分类器更高的精度。

堆叠源代码是公开的，Weka 也具有相应的功能。此外，Weka 提供的集成学习方法还包括装袋算法、随机森林、AdaBoost 和投票法。图 8.1 所示为 Weka 中一种集成学习方法界面。

自举法（Bootstrapping）[5]是依赖随机抽样和替换的测试或度量。自举法从重采样的数据中推断样本，是一种导出标准误差和置信区间估计的简单方法。

装袋算法（又称引导聚集算法）[5]是一种投票方法，通过在不同的训练集中对基础学习器进行训练，从而使得到的基础学习器有所差异。装袋算法对所有模型赋予相同的权重。如果一个学习算法具有很高的方差，则该学习算法是不稳定的；如果同一算法在同一数据集的不同重采样版本上运行结果具有高度正相关，则该学习算法是稳定的。

随机森林是多棵决策树的集成：$F = \{T_1, T_2, \cdots, T_n\}$，通过对每棵决策树的输出结果进行平均来预测样本 x 的结果：

$$p_{F(y|x)} = \frac{1}{k}\sum_{h=1}^{k} p_{T_h}(y|x) \tag{8.8}$$

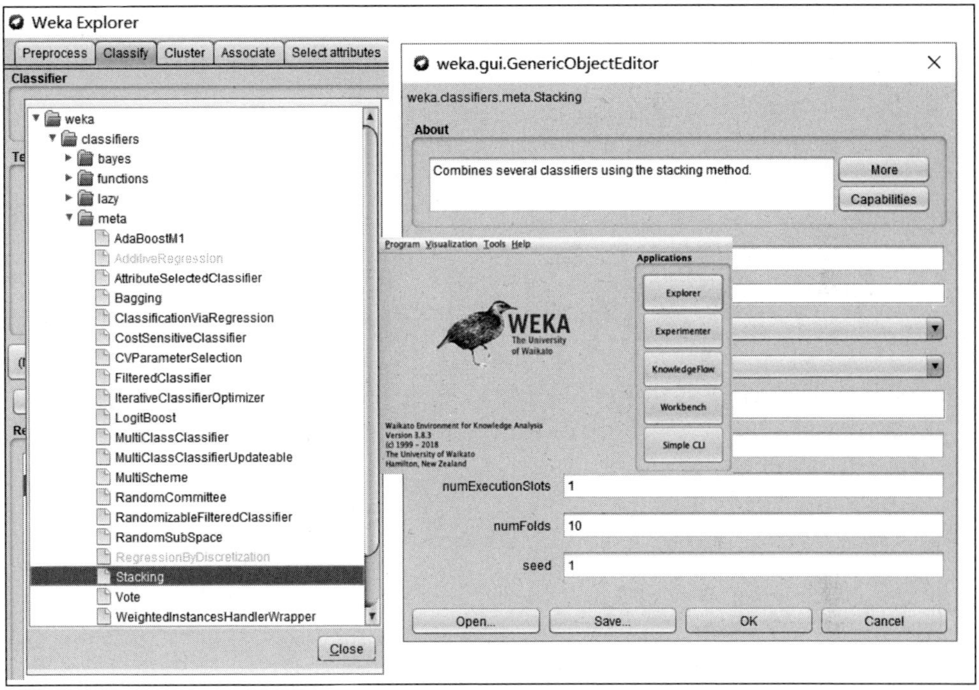

图 8.1 Weka 中一种集成学习方法界面

提升算法（Boosting）[5]是在前一个分类器错误的基础上训练下一个分类器，使得所有弱分类器可以相互弥补不足。提升算法组合多个弱分类器生成一个强分类器。提升算法是一个不断迭代改善的过程，通过在新分类器训练时更加关注被错分的样本进行集成学习。减少误分类是提高提升算法分类性能的有效途径，因此每个分类器都被赋予了不同的权重。

提升算法可以理解为一种基于合适的代价函数的优化算法。对训练数据集$\{(x_i, y_i)\}$，$i=1,2,\cdots,n$，

$$F(x) \triangleq \sum_{i=1}^{M} \gamma_i h_i \tag{8.9}$$

其中，h_i是基础分类器。

$$\hat{F}(x)=\arg\max_{F} \boldsymbol{E}_{x,y}[L(y,F(x))] \tag{8.10}$$

其中，$L(\cdot)$是代价函数。

若采用最陡下降法，则有

$$F_m(x)=F_{m-1}(x)-\gamma_m\cdot\sum_{i=1}^{n}\nabla F_{m-1}L(y_i,F_{m-1}(x_i)) \tag{8.11}$$

其中，

$$\gamma_m=\arg\max_{\gamma}\sum_{i=1}^{n}L(y_i,F_{m-1}(x_i))-\gamma\nabla F_{m-1}L(y_i,F_{m-1}(x_i))) \tag{8.12}$$

因此，只要计算出梯度$\nabla F_{m-1}L(\cdot)$，算法就能够写成可以计算的源代码的形式。

AdaBoost（Adaptive Boosting）反复使用同一个训练集进行学习，为了避免模型过拟合，简化分类器即可，并不需要变更数据集。AdaBoost 可以根据权重组合任意数量的弱分类器，其成功得益于能够增加分类间隔（margin）这一显著特性。

级联算法（cascading）是一种多阶段的方法，其中包含一系列的分类器，下一个分类器仅在前一个分类器不可靠时才使用[5]。级联算法已应用于人脸检测，这种集成学习可应用于一般的视觉目标检测。级联算法生成一条或多条规则来解释大部分内容，以尽可能便宜的方式存储实例，并将其余部分作为例外来保存。

对集成学习来说，所有开放的 Python 源代码都可以从 scikit-learn 官方网站来获取。图 8.2 所示为 scikit-learn 中提供的集成学习方法。scikit-learn 是一个免费的 Python 编程语言机器学习库，该库是基于 NumPy、SciPy 和 matplotlib 开发的。

MATLAB 利用集成学习可以将多个弱学习器的学习结果融合成一个高质量的集成预测器。这些方法包括装袋算法、随机森林、提升算法等。其中，提升算法封装了自适应提升算法、温和自适应提升算法、自适应 logistic 回归、线性规划提升算法、最小二乘提升算法、鲁棒提升算法、随机欠采样提升算法等。图 8.3 所示为 MATLAB 中基于回归树的集成学习方法。

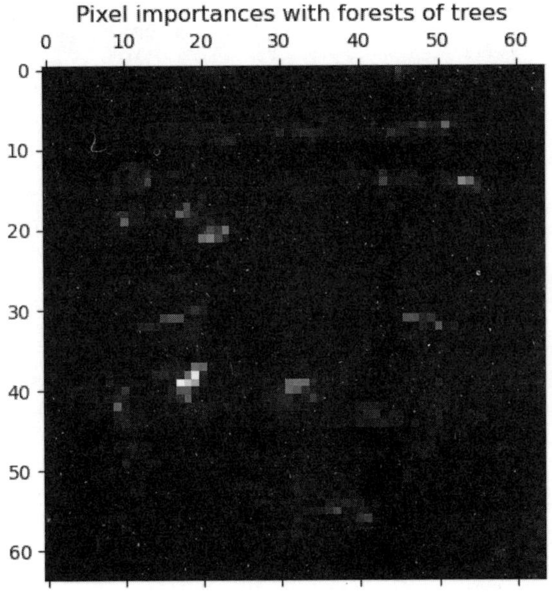

平行森林的像素重要性

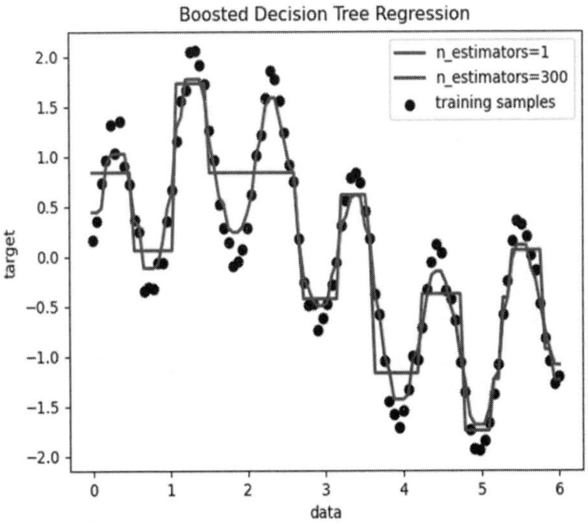

基于 AdaBoost 的决策树回归

图 8.2　scikit-learn 中提供的集成学习方法

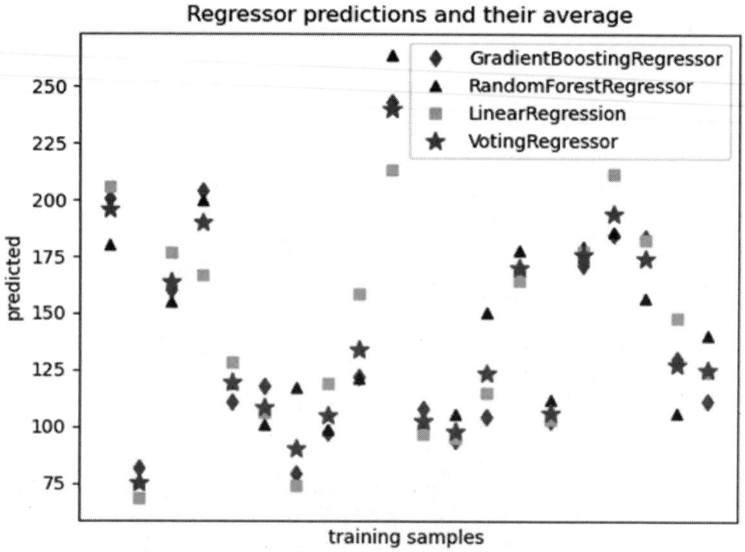

个体与投票回归预测

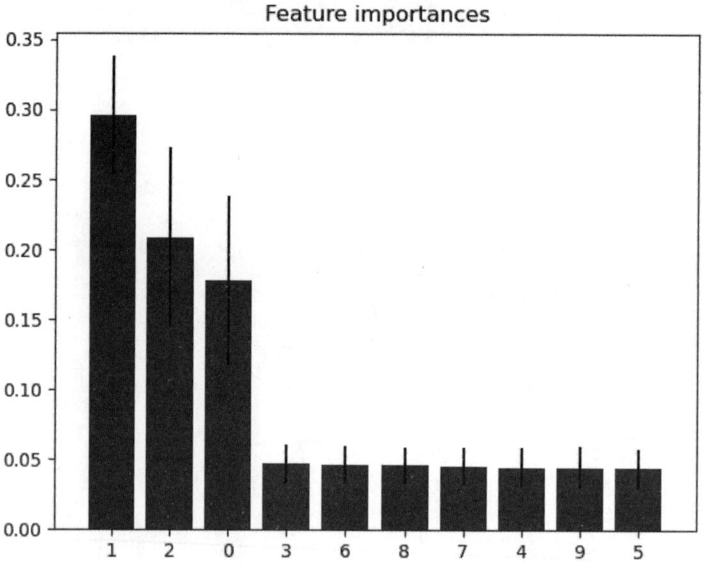

森林和树的特征重要性

图 8.2　scikit-learn 中提供的集成学习方法（续）

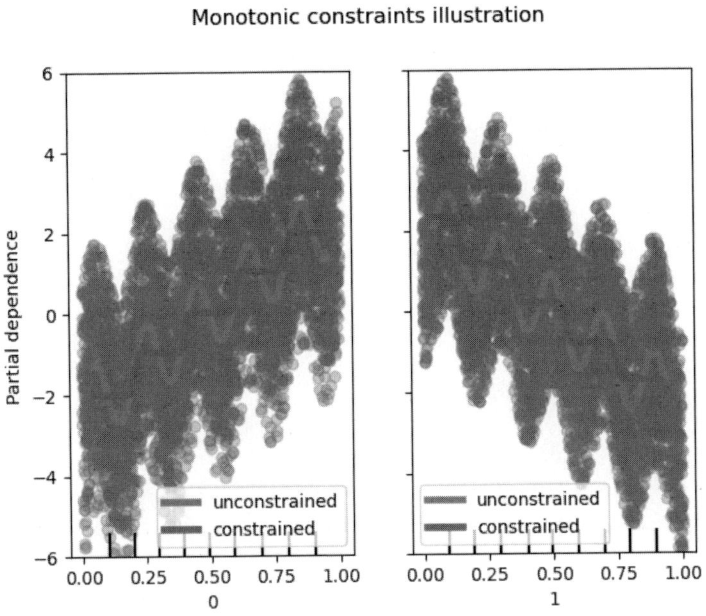

单调约束

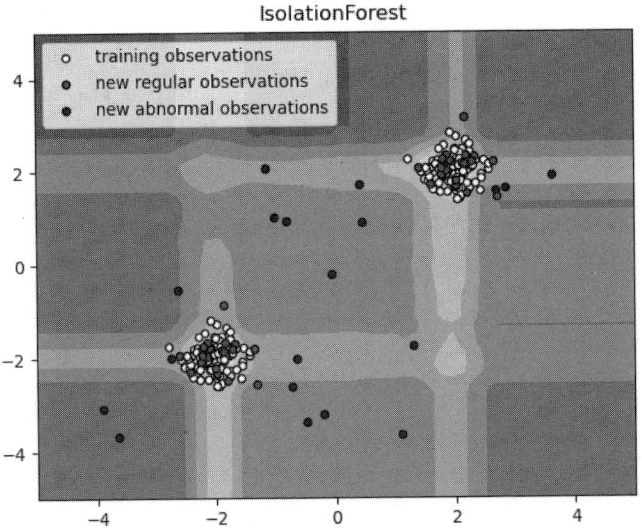

孤立森林示例

图 8.2　scikit-learn 中提供的集成学习方法（续）

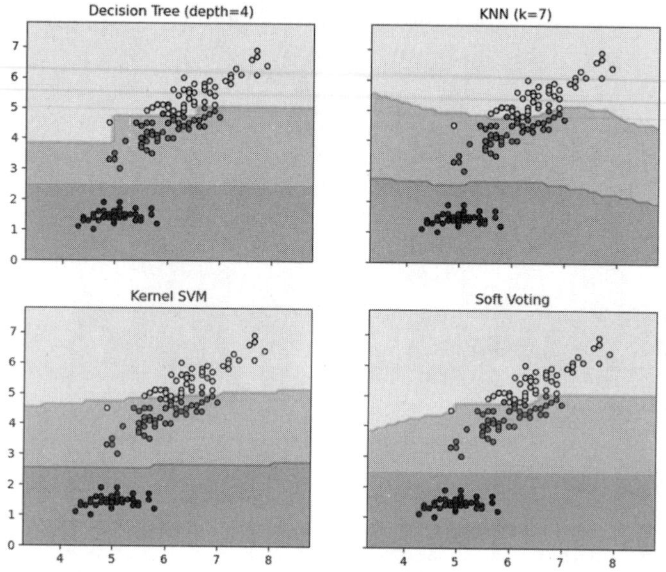

绘制投票分类器的决策边界

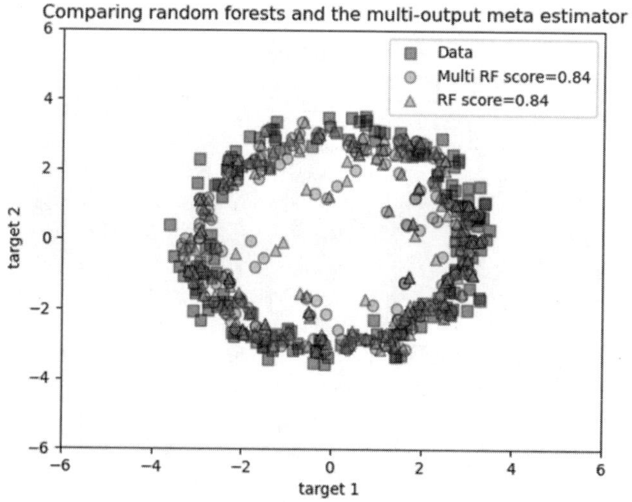

随机森林与多输出元估计器对比

图 8.2 scikit-learn 中提供的集成学习方法（续）

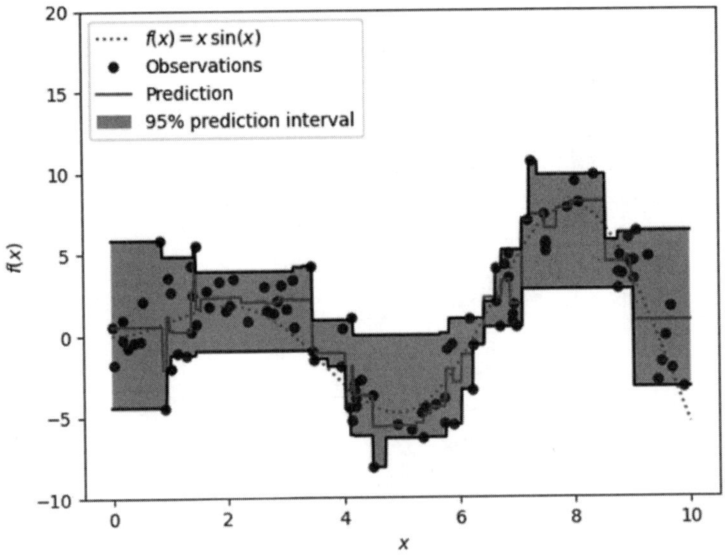

梯度 Boosting 回归区间预测

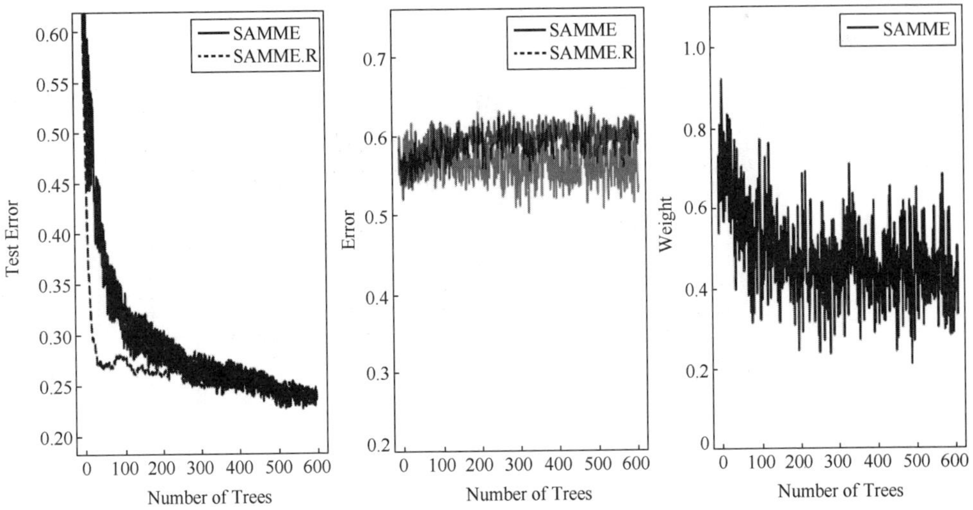

多分类AdaBoost决策树

图 8.2　scikit-learn 中提供的集成学习方法（续）

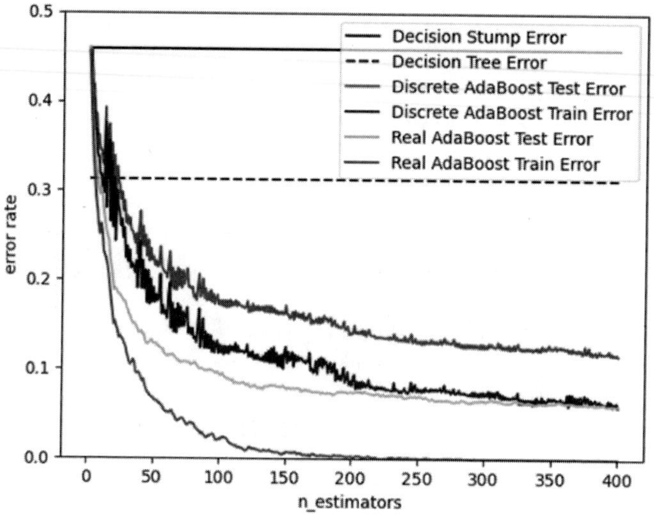

离散 AdaBoost 和 Real AdaBoost

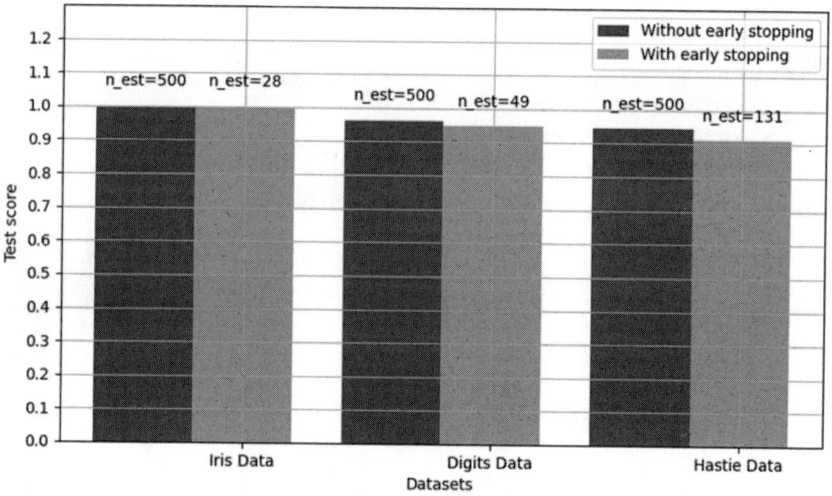

梯度 Boosting 提前停止

图 8.2　scikit-learn 中提供的集成学习方法（续）

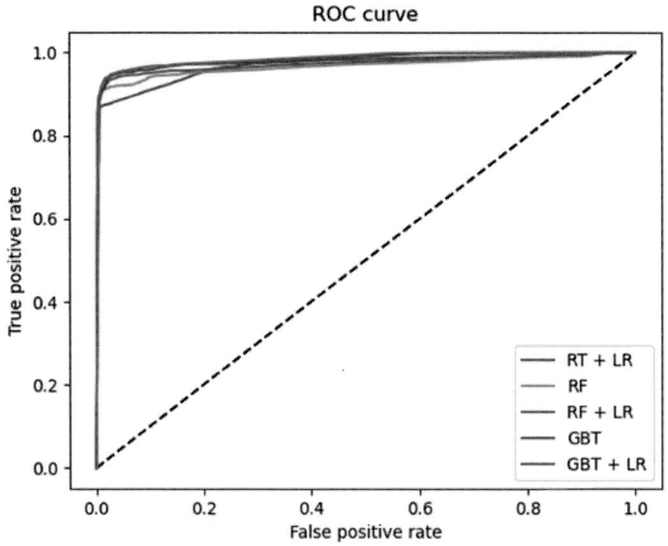

基于树集成的特征变换

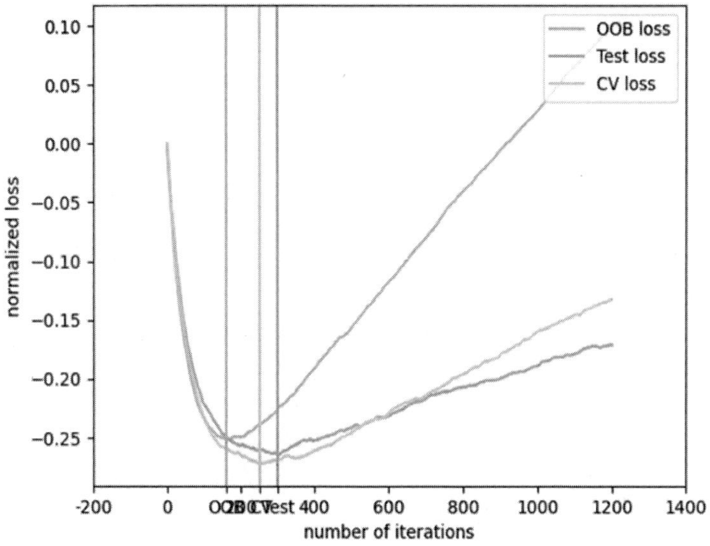

梯度增强袋外估计

图 8.2　scikit-learn 中提供的集成学习方法（续）

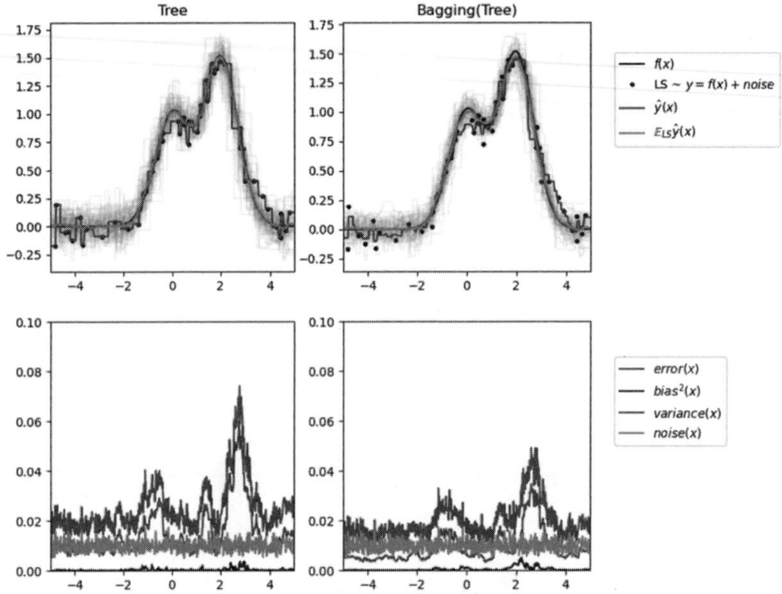

单一估计和偏差方差分解

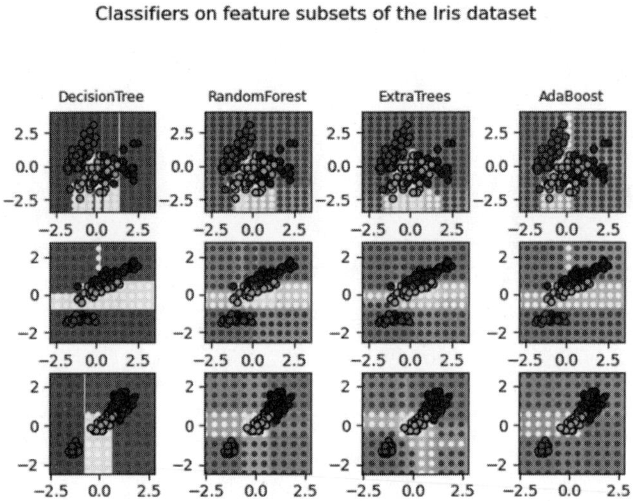

在 iris 数据集上绘制树集成的决策面

图 8.2　scikit-learn 中提供的集成学习方法（续）

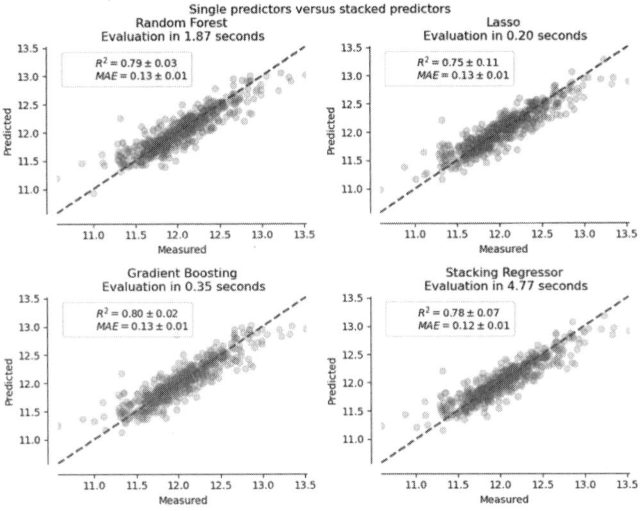

使用堆叠的联合预测

图 8.2　scikit-learn 中提供的集成学习方法（续）

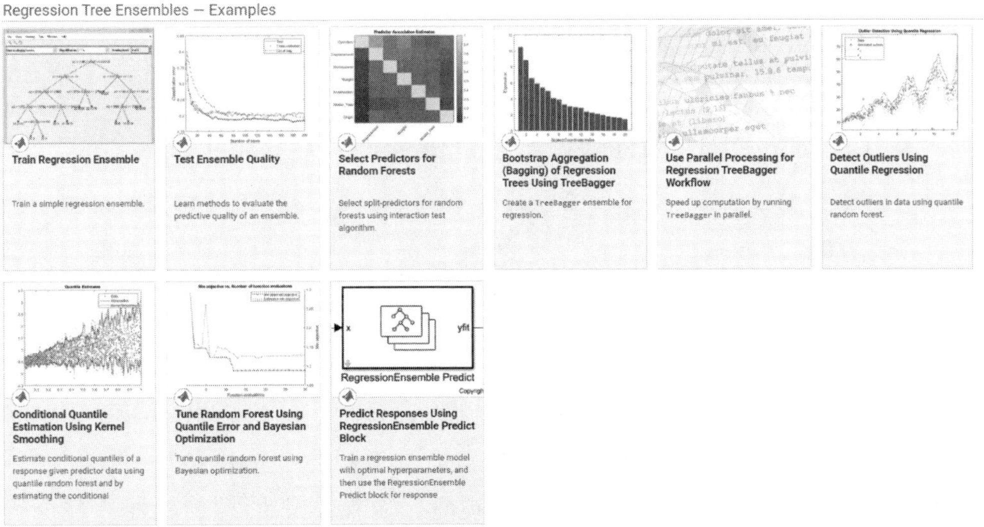

图 8.3　MATLAB 中基于回归树的集成学习方法

8.4 深度学习的重要工作

下面详细罗列已经发表在 *Nature* 和 *Science* 期刊上的研究成果。其中，发表在 *Nature* 期刊上的相关工作如下。

- B. Zhu, et al (2018). Image reconstruction by domain-transform manifold learning. Nature, 555: 487–492.
- S. Webb (2018). Deep learning for biology. Nature, 554: 555–557
- Y. LeCun, Y. Bengio, G. Hinton. (2015). Deep learning. Nature, 521: 436–444.
- M. Littman (2015). Reinforcement learning improves behavior from evaluative feedback. Nature, 521: 445–451.
- V. Mnih, et al (2015). Human-level control through deep reinforcement learning. Nature, 518: 529–533.
- D. Rumelhart, G. Hinton, et al (1986). Learning representations by backpropagating errors. Nature, 323: 533–536.

发表在 *Science* 期刊上的相关工作如下。

- D. George, et al (2017). A generative vision model that trains with high data efficiency and breaks text-based CAPTCHAs. Science, 358 (6368).
- M. I. Jordan, T. M. Mitchell (2015). Machine learning: Trends, perspectives, and prospects. Science, 349 (6245): 255–260.
- G. Hinton, R. Salakhutdinov (2006). Reducing the dimensionality of data with neural networks. Science, 313(5786).:504–507.

深度学习可以广泛应用于计算机视觉、自然语言处理、机器人控制等领域[6, 7]。监督学习方法包括决策树/随机森林、logistic 回归、深度神经网络、贝叶斯分类器、提升算法等。深度神经网络是含有阈值单元的多层网络。深度学习利用基于梯度的优化算法，根据输出误差调整多层网络的参数。深层网络的内部层可以提供输入数据的学习表征。

无监督学习主要用于解决聚类和降维等问题，主要包括主成分分析（一种线性降维方法）、流形学习（非线性降维方法）和自编码器等。

强化学习是机器学习的三大基本范式之一，与监督学习和无监督学习并列。在强化学习中，从训练数据中获得的信息介于监督学习和无监督学习之间，其中训练数据仅仅提供某个动作正确与否的暗示，如果某个动作不正确，就要找到正确的动作。

在设置输入序列时，假设奖励信号指的是整个序列。强化学习通常使用控制理论中熟悉的思想，如策略迭代、值迭代、Rollout 算法和方差缩减技术，以及为满足机器学习的特定需求而产生的创新。

推荐系统是基于数据的，这些数据表示一组用户（如人）和一组项目（如产品）之间的联系，该机器学习问题是根据所有用户的数据向给定的用户推荐其他项目。

8.5　思　考　题

问题 1.　什么是知识发现？在迁移学习中如何运用已学到的知识？

问题 2.　基于标签如何对迁移学习模型进行分组？

问题 3.　如何训练多个多标签分类器？

问题 4.　深度神经网络在集成学习中有哪些应用？

参 考 文 献

1. Pan S, Yang Q (2010). A survey on transfer learning. IEEE Trans Knowl Data Eng 22(10):1345–1359.
2. Zamir A, et al(2018). Taskonomy: disentangling task transfer learning. In: IEEE CVPR'18.
3. An N (2020). Anomalies detection and tracking using Siamese neural networks.

Master's thesis, Auckland University of Technology, New Zealand.

4. Valmadre J, Bertinetto L, Henriques J, Vedaldi A, Torr P (2017). End-to-end representation learning for correlation filter based tracking. In: IEEE CVPR, pp 2805–2813.
5. Alpaydin E (2009). Introduction to machine learning. MIT Press, Cambridge.
6. Shrivastava A, et al(2017). Learning from simulated and unsupervised images through adversarial training. In: IEEE CVPR'17.
7. Jordan M, Mitchell T (2015). Machine learning: trends, perspectives, and prospects. Science 349(6245): 255–260.

附录A 术　　语

- **Activation Function（激活函数）**：在人工神经网络的神经元上运行的函数，负责将神经元的输入映射到输出端。
- **AdaBoost（Adaptive Boosting）**：自适应提升算法，一种训练级联分类器的投票方法。
- **Auto-Encoder（自编码器）**：将输入信息作为学习目标，对输入信息进行表征学习的人工神经网络。
- **Average Pooling（均值池化）**：计算特征图中每个区域块的平均值。
- **Atlas（图册）**：覆盖一个流形的特定图的集合。
- **Bagging（Bootstrap AGGregatING）**：装袋算法，一种集成机器学习方法,旨在提高用于统计分类和回归的机器学习算法的稳定性和准确性。
- **Banach Spaces（巴拿赫空间）**：完备的赋范向量空间。
- **Bayesian Inference（贝叶斯定理）**：一种统计推理方法，当有更多的证据或信息可用时，利用贝叶斯定理来更新某种假设的概率。
- **Bayesian Learning（贝叶斯学习）**：利用贝叶斯定理来确定给定证据或观测时某种假设的条件概率。
- **Bayesian Network（贝叶斯网络）**：一种基于统计模型的决策网络，通过有向无环图表示一组变量及其条件依赖关系。
- **Boltzmann Machine（玻尔兹曼机）**：一种带有隐含节点的随机Hopfield网络，是一种随机循环神经网络。
- **Boltzmann Distribution（玻尔兹曼分布）**：最大熵分布。

- **Boosting（提升方法）**：用于减少监督学习中偏差和方差的集成元算法，将弱学习器集成为强学习器的一类机器学习算法。
- **Bootstrapping（自举法）**：使用随机抽样和替换的测试或度量方法。
- **CapsNet（Capsule Network）**：胶囊网络，一种用于更好地建模对象层次关系的人工神经网络。
- **Capsule（胶囊）**：为一类目标的不同特性而被单独激活的一组神经元。
- **Cascading（级联）**：一种基于多个分类器串联的集成学习特例，将从给定分类器的输出中收集的所有信息作为下一个分类器的附加信息。
- **Chart（图）**：在流形的子集和简单空间之间的一种可逆映射，使得映射和逆映射都能保持所需的结构。
- **Clique Tree（团树）**：连接树算法，一种通用图的精确边缘化的机器学习方法。
- **CNN（Convolutional Neural Network）**：卷积神经网络。
- **Convex（凸函数）**：函数曲线上任意两点之间的线段位于这两点之间的曲线一侧。
- **ConvNet（Convolutional Neural Network）**：卷积神经网络。
- **Convolution（卷积）**：通过两个函数生成第三个函数的一种数学运算，表征其中一个函数的形状如何被另一个函数修改。
- **DAG（Directed Acyclic Graph）**：有向无环图，是一种没有回路的有限有向图。
- **DBM（Deep Boltzmann Machine）**：深度玻耳兹曼机，一种二值成对马尔可夫随机场，是一种具有多层隐含随机变量的无向概率图模型。
- **Decision Tree（决策树）**：一种决策支持工具，使用树状决策模型预测结果，包括偶然事件结果、资源成本和效用。
- **Decision Rule（决策规则）**：将观察结果映射为适当动作的函数。

- **Deep Learning（深度学习）**：深度神经网络具有很强的非线性处理能力，采用多层级联网络进行特征变换和端到端学习。
- **DRL（Deep Reinforcement Learning）**：深度强化学习，利用深度学习和强化学习原理创建高效算法。
- **Double Q-learning（双 Q-学习）**：一种离策略强化学习算法，其中用于值评估的策略与用于选择下一个动作的策略不同。
- **Dynamic Bayesian Network（动态贝叶斯网络）**：表示变量序列的贝叶斯网络。
- **EKF（Extended Kalman Filter）**：扩展卡尔曼滤波，一种对当前均值和协方差的估计进行线性化的非线性卡尔曼滤波。
- **Ensemble Learning（集成学习）**：策略性地生成和组合多个模型以解决特定计算智能问题的过程。
- **Entropy（熵）**：衡量一个状态的不可预测性，或相当于它的平均信息量。
- **Event（事件）**：在文本主题检测和提取中，事件是指在特定时间和地点发生的事情。
- **Exponential Family（指数族）**：一组随参数变化的特定分布。
- **Factorization（因子分解）**：图中团上因子的乘积。
- **Fourier Transform（傅里叶变换）**：将函数分解成其组成频率的数学变换。
- **Fuzzy Optimization（模糊优化）**：一种处理过渡和信息缺失不确定性的数学模型。
- **GCD（Greatest Common Divisor）**：计算两个或两个以上整数的最大公约数，不全为零，是除以每个整数的最大正整数。
- **Genetic Algorithm（遗传算法）**：一种受自然选择过程启发的元启发式算法，是一种进化算法。
- **Gibbs Distribution（吉布斯分布）**：一种概率分布或概率测度。
- **Gibbs Measure（吉布斯测度）**：一种在能量的某个固定期望值下使

熵最大化的特有的统计分布。

- **Global Optimization（全局优化）**：寻找一组绝对最佳的可行条件来实现目标的任务。
- **Hausdorff Space（豪斯多夫空间）**：一种拓扑空间，其中每对不同的点被一个不相交的开集分开。
- **Hilbert Space（希尔伯特空间）**：作为度量空间的完备的内积空间。
- **Induced Subgraph（诱导子图）**：$G[S]$是顶点集为 S 的图，其边集由 E 中的所有边组成，这些边的两个端点都在集合 $S\subset G=(V, E)$内。
- **Influence Diagram（影响图）**：表示求解不确定性问题的工具，是决策情境的一种简洁的图形和数学表示。
- **Isometry（等距映射）**：度量空间之间保持距离的变换，通常假定为双射的。
- **Joint Entropy（联合熵）**：与一组变量有关的不确定性的测度。
- **Kalman Filter（卡尔曼滤波）**：具有加性独立白噪声的线性系统模型的最优线性估计。
- **KL Divergence（Kullback–Leibler Divergence）**：KL 散度，又称相对熵，用于衡量两个概率分布之间的差异程度。
- **Latent Variables（潜变量）**：不是直接观察到的变量，而是（通过数学模型）从其他观察到的变量（直接测量）中发现的变量。
- **LCM（Least Common Multiple）**：计算两个整数 a 和 b 的最小公倍数，是可被 a 和 b 整除的最小正整数。
- **Lipschitz Continuity（利普希茨连续条件）**：一个比一致连续更强的光滑性条件。
- **Linear Dynamical System（线性动态系统）**：一个所有依赖项都是线性高斯的动态贝叶斯网络。
- **Linear Programming（线性规划）**：一种优化线性目标函数的技术，受线性等式和线性不等式约束。

- **LSTM（Long Short-Term Memory Network）**：长短期记忆网络。
- **MAP（Maximum a Posteriori Estimation）**：最大后验概率估计，未知量的估计，等于后验分布的模式。
- **Manifold（流形）**：一个拓扑空间，其性质是每个点都有一个邻域，流形逻辑上同胚于欧几里得空间的豪斯多夫拓扑空间。
- **Manifold Learning（流形学习）**：一种非线性降维方法。
- **Markov Chain（马尔可夫链）**：描述一系列可能事件的随机模型，其中每个事件的概率仅取决于前一事件中所达到的状态。
- **Markov Process（马尔可夫过程）**：满足马尔可夫性质的随机过程。
- **Max Pooling（最大池化）**：对初始表征的非重叠子区域应用最大滤波器。
- **MDP（Markov Decision Process）**：马尔可夫决策过程，一个离散时间随机控制过程。
- **Metadata（元数据）**：用于描述数据的数据，即给定数据集的附加信息。
- **Metric（度量）**：定义集合中任意两个成员（通常称为点）之间距离概念的函数。
- **Metric Space（度量空间）**：是一种具有度量函数的集合，此函数定义集合内所有元素间的距离。
- **MGU（Minimal Gated Unit）**：最小门控单元。
- **MLE（Maximum Likelihood Estimation）**：极大似然估计，一种通过最大化似然函数来估计概率分布参数的方法，在假定的统计模型下，观测数据是最有可能出现的。
- **MNIST（Modified National Institute of Standards and Technology）**：手写数字数据集。
- **MRF（Markov Random Field）**：马尔可夫随机场，是一组具有马尔可夫性质的由无向图描述的随机变量。
- **Multiobjective Programming（多目标规划）**：是数学规划的一个分支，

研究多于一个的目标函数在给定区域上的最优化，其特点是使用多个相互冲突的目标函数，在一组可行的决策上进行优化。

- **Mutual Information（互信息）**：两个变量之间相互依赖程度的测度。
- **Naive Bayes Model（朴素贝叶斯模型）**：基于强独立性假设的贝叶斯定理的一类简单概率分类器。
- **NLAR（Nonlinear Autoregressive Model）**：非线性自回归模型。
- **Norm（范数）**：定义在向量空间上的实值函数。
- **Normed Space（赋范空间）**：实数或复数上的向量空间，在此空间上定义一个范数。
- **Observable Variable（观测变量）**：统计中的显式变量，是可以观察和直接测量的变量。
- **Orbifold**：流形的推广，允许拓扑结构中存在奇点。
- **Padding（填充）**：用零填充图像边界的区域。
- **Parameter Estimation（参数估计）**：利用样本数据估计所选分布参数的过程。
- **Particle Swarm Optimization（粒子群优化）**：一种优化问题的计算方法，根据给定的质量指标，用候选粒子群迭代地改进候选解，根据位置和速度在搜索空间中移动粒子。
- **Partition Functions（配分函数）**：随机变量各函数期望值的生成函数。
- **PGM（Probabilistic Graphical Model）**：概率图模型或结构化概率模型，是一种表示随机变量之间条件依赖结构的图模型。
- **Q-learning（Q-学习）**：一种无模型强化学习算法，用于智能体学习在何种状况下应当采取何种动作的策略。
- **Random Forests（随机森林）**：一种用于分类与回归任务的集成学习方法，在训练时构造多棵决策树，输出的类别是单株树的分类回归模式。
- **RBM（Restricted Boltzmann Machine）**：受限玻耳兹曼机，玻耳兹

曼机的一个变种，其限制是神经元必须形成一个二分图。

- **Regularization（正则化）**：为解决不适定问题或防止过拟合而增加信息的过程。
- **Reinforcement Learning（强化学习）**：近似动态规划或神经动态规划，让软件智能体在特定环境中能够采取回报最大化的动作。
- **ResNet（Deep Residual Network）**：深度残差网络。
- **Reward Function（奖励函数）**：明确智能体目标的函数。
- **RNN（Recurrent Neural Network）**：循环神经网络。
- **Roots of a Polynomial（多项式的根）**：使多项式计算结果为零的变量值。
- **SARSA（State–Action–Reward–State–Action）**：一种学习马尔可夫决策过程策略的算法，用于机器学习中的强化学习领域。
- **Siamese Neural Network（孪生神经网络）**：又称双生子神经网络，一种在两个不同的输入向量上使用相同权重来计算可比较的输出向量的人工神经网络。
- **Single Shot（单步）**：视觉目标定位和分类任务在网络的一次前向传播过程中完成。
- **Squashing Function（挤压函数）**：将输入值域压缩到一个较小输出区间的函数。
- **SSD（Single Shot Multibox Detector）**：一种单阶段目标检测算法。
- **Stride（步幅）**：卷积运算的步长。
- **Target Variable（目标变量）**：其值将由其他变量建模和预测的变量。
- **Temporal Difference Learning（时序差分学习）**：一类无模型强化学习方法，是从值函数的当前估计值出发，采用自举法进行学习。
- **Tensor（张量）**：向量和矩阵的更高维推广。
- **TensorFlow**：一种定义和运行涉及张量计算的框架，将张量表示为 n 维数组。

- **Time Series Analysis（时间序列分析）**：对时间序列数据进行分析，以便从中提取有意义的统计数据和数据的其他特征。
- **Time Series Forecasting（时间序列预测）**：基于先前的观测值采用模型预测未来值。
- **Transfer Function（迁移函数）**：用于输入节点到神经元输出的转换目的。
- **Transfer Learning（迁移学习）**：一种机器学习的方法，是指一个预训练的模型被重新用到另一个任务中作为模型的起点。
- **YOLO（You Only Look Once）**：一种单阶段深度学习目标检测算法。

反侵权盗版声明

举报电话：（010）88254396；（010）88258888

传　　真：（010）88254397

E-mail：　dbqq@phei.com.cn

通信地址：北京市海淀区万寿路 173 信箱

　　　　　电子工业出版社总编办公室

邮　　编：100036